大数据采集与处理技术应用

主　编　邓红丽　高　杰　李全刚
副主编　迟凤翔　孙江腾　邹贵财　张万东
参　编　蒋宗奇　王　丽　孙建胜　李　睿
　　　　杨东燕　曾国彬

北京理工大学出版社
BEIJING INSTITUTE OF TECHNOLOGY PRESS

内容简介

本书基于 Visual Studio Code 软件环境讲解 Python 语言在数据采集与处理技术的部分应用技能。本书的技能讲解以应用案例的形式呈现，把技能知识的应用融于案例实现过程，把理论知识贯穿于案例讲解过程。

本书收集了数据采集与处理技术相关的部分应用案例，分 5 个项目讲解应用 Python 语言实现 Excel 电子表格操作、图片处理、Word 文档操作及 Matplotlib 数据分析等数据采集与处理技术方面的技能。

本书可作为学校的大数据相关专业的教材，也可作为相关培训机构的培训教材还可供数据采集与处理技术的爱好者参考使用。

版权专有　侵权必究

图书在版编目（CIP）数据

大数据采集与处理技术应用 / 邓红丽, 高杰, 李全刚主编. -- 北京：北京理工大学出版社, 2023.7 (2023.8 重印)
ISBN 978-7-5763-2629-1

Ⅰ. ①大… Ⅱ. ①邓… ②高… ③李… Ⅲ. ①数据采集②数据处理 Ⅳ. ①TP274

中国国家版本馆 CIP 数据核字（2023）第 134880 号

出版发行 / 北京理工大学出版社有限责任公司
社　　址 / 北京市海淀区中关村南大街 5 号
邮　　编 / 100081
电　　话 /（010）68914775（总编室）
　　　　　（010）82562903（教材售后服务热线）
　　　　　（010）68944723（其他图书服务热线）
网　　址 / http://www.bitpress.com.cn
经　　销 / 全国各地新华书店
印　　刷 / 定州市新华印刷有限公司
开　　本 / 889 毫米 × 1194 毫米　1/16
印　　张 / 10
字　　数 / 188 千字
版　　次 / 2023 年 7 月第 1 版　2023 年 8 月第 2 次印刷
定　　价 / 32.00 元

责任编辑 / 钟　博
文案编辑 / 钟　博
责任校对 / 周瑞红
责任印制 / 边心超

图书出现印装质量问题，请拨打售后服务热线，本社负责调换

前言

随着互联网、物联网、云计算等技术的快速发展，全球数据量出现爆炸式增长，我们已进入大数据时代，航空、金融、电商、政府、电信、电力、医疗、煤炭、教育等各个行业或企业都在挖掘大数据。在此背景下，数据的流存节点和区域变得繁杂，流动量呈现指数级增长，数据的使用方式也变得多样化，原有的数据保护方式已无法满足当下的安全需求，数据安全作为独立的安全体系被重新定义。

《中华人民共和国数据安全法》第三条中给出的"数据安全"定义为：通过采取必要措施，确保数据处于有效保护和合法利用的状态，以及具备保障持续安全状态的能力。

Python 是一种跨平台多功能高级脚本语言，其应用领域非常广泛。它是数据科学领域的首选语言。Python 兼容各种工具，因此可以轻松使用庞大的数据集并获得重要的分析结果。Python 库广泛用于数据集的收集、处理和清理，故初学大数据技术，很多人选择从应用 Python 进行数据处理开始。

本书共收集了 43 个案例，分为 5 个项目进行介绍。其中，项目一"Python 编程入门"讲解 Python 的基本语法，介绍变量定义、循环语句、条件语句等程序设计基础；项目二~项目五分别讲解应用 Python 语言实现 Excel 电子表格操作、图片处理、Word 文档操作及 Matplotlib 数据分析等数据采集与处理技术方面的技能。

1. 本书特点

本书的技能讲解以案例应用的形式呈现，把技能知识的应用融于案例实现过程，把理论知识贯穿于案例讲解过程，以实现案例效果为目标，在讲解技能、技巧的过程中帮助学生掌握数据采集与处理的技能，同时加深学生对相关专业理论知识点的认识与理解。

2. 内容安排

本书的内容安排不再拘于求全、求深，而是选取中职学生能学懂、感兴趣的技能，并注意将理论知识融入任务案例，引导学生在实操中全面巩固大数据方面的基础，为后续的提升学习打好基础。

3. 学时安排

学时安排见下表。

项目	任务	建议学时
项目一　Python 编程入门	任务一　第一个 hello 程序 任务二　输出 1~10 的数字 任务三　输出 100 以内 5 的倍数 任务四　生成多个随机数 任务五　求 n 个数之和 任务六　随机红包 任务七　输出九九乘法表	8
项目二　Excel 电子表格文件的操作	任务一　增加表格中的订单数量 任务二　计算表格中的"合计"值 任务三　创建新的景点表 任务四　合并单元格 任务五　更改单元格样式 任务六　插入文件夹中的多张图片 任务七　读取工作表中的图片 任务八　删除与插入单元格 任务九　生成柱形图表 任务十　分割工作簿文件 任务十一　合并工作簿文件	16
项目三　图片处理	任务一　图片批量改名 任务二　图片批量分类保存 任务三　图片批量剪切 任务四　图片加公司标志 任务五　图片加文字 任务六　图片批量缩放 任务七　图片批量添加透明水印	20
项目四　Word 文档操作	任务一　读取 Word 文档各段内容 任务二　按格式修改 Word 文档 任务三　修改 Word 文档的首页和偶数页页眉 任务四　评定等级 任务五　添加行和列 任务六　添加图片 任务七　创建"我的简历"文档	24

目录

项目一　Python 编程入门　/1

- 任务一　第一个 hello 程序　/2
- 任务二　输出 1~10 的数字　/7
- 任务三　输出 100 以内 5 的倍数　/10
- 任务四　生成多个随机数　/12
- 任务五　求 n 个数之和　/14
- 任务六　随机红包　/16
- 任务七　输出九九乘法表　/17

项目二　Excel 电子表格文件的操作　/21

- 任务一　增加表格中的订单数量　/22
- 任务二　计算表格中的"合计"值　/27
- 任务三　创建新的景点表　/33
- 任务四　合并单元格　/35
- 任务五　更改单元格样式　/37
- 任务六　插入文件夹中的多张图片　/40
- 任务七　读取工作表中的图片　/44
- 任务八　删除与插入单元格　/46
- 任务九　生成柱形图表　/49
- 任务十　分割工作簿文件　/52
- 任务十一　合并工作簿文件　/55

项目三　图片处理　/61

- 任务一　图片批量改名　/62
- 任务二　图片批量分类保存　/67
- 任务三　图片批量剪切　/69

任务四	图片加公司标志	/74
任务五	图片加文字	/77
任务六	图片批量缩放	/79
任务七	图片批量添加透明水印	/81

项目四 Word 文档操作 /85

任务一	读取 Word 文档各段内容	/86
任务二	按格式修改 Word 文档	/89
任务三	修改 Word 文档的首页和偶数页页眉	/93
任务四	评定等级	/96
任务五	添加行和列	/99
任务六	添加图片	/102
任务七	创建"我的简历"文档	/104

项目五 Matplotlib 数据分析应用 /111

任务一	绘制七天天气温度折线图	/113
任务二	绘制两地温度对比折线图	/116
任务三	绘制两种线型的折线图	/118
任务四	显示柱状图	/122
任务五	用柱状图显示员工评分	/127
任务六	用柱状图显示累积得分	/131
任务七	用水平方向柱状图显示累积得分	/137
任务八	控制柱状图的颜色	/142
任务九	用网格折线图记录每月最高温度	/143
任务十	数据分布图示	/146
任务十一	用饼形图显示数据百分比	/148

参考文献 /152

项目一 Python 编程入门

【项目导学】

大数据分析目前是互联网行业的热点,在互联网迅速发展的背景下,各种信息大量呈现,凸显了大数据的重要性。

利用大数据分析技术,可以从海量的数据中发现隐藏的模式和规律。例如,在教育领域,政府可以利用大数据分析技术对学生的学习数据和评估数据进行分析、处理,了解学生的学习情况和实际需求,从而制定出更加个性化的教育政策。

Python 在各个行业的应用日益广泛普及率迅速上升,这主要得益于 Python 的数据科学库。

在商业和学术领域,人们基于 Python 开发了大量的数据分析应用程序。Python 是数据科学领域的首选语言。由于使用了各种工具,Python 可以轻松使用庞大的数据集并获得重要的分析结果。Python 库广泛用于数据集的收集、处理和清理,能够应用数学算法使用户受益。于是,很多人从学习应用 Python 进行数据处理开始学习大数据技术。

本项目讲解 hello 程序、输出 1~10 的数字、输出 100 以内 5 的倍数、生成多个随机数、求 n 个数之和、随机红包、输出九九乘法表等任务的实现过程,同时以代码功能讲解和提示的形式强调了程序的缩进规范等 Python 编程基础知识。

【教学目标】

知识目标:
(1)认识 Python 的基本程序结构;
(2)学习 Python 的基本编程知识。

能力目标:
(1)能进行简单 Python 程序的编辑;
(2)能进行 Python 程序的运行与调试。

素质目标:
(1)培养学生严谨的科学态度和一丝不苟的自带精神;
(2)培养学生团队合作意识,激发学生学习大数据知识的兴趣,提高学生使用 Python 进行数据处理的热情。

任务一 第一个 hello 程序

任务要求

(1)在指定目录下正确创建和保存 Python 程序文件。
(2)确保 Python 程序文件的扩展名为".py"。
(3)编程实现在终端输出"hello"字符的功能。
(4)调试运行 Python 程序,得到正确的运行效果。

创建并运行 HELLO 程序

知识准备

数据分析是通过收集、存储、处理和分析海量数据,其基本原理是利用先进的技术手段对数据进行挖掘和分析,从而找出其中的规律和关联性,为决策提供科学依据。例如,政府可以通过数据分析了解人民对于某些政策的看法,为政策制定提供参考。下面我们就来学习编写数据分析应用程序时常用的语言——Python 的基础知识。

一、搭建 Python 开发平台需要考虑的问题

Python 官网的网址为 https://www.python.org/。

搭建 Python 开发平台有几个问题需要考虑。第一个问题是选择什么操作系统,是 Windows 还是 Linux？第二个问题是选择哪个 Python 版本,是 Python 2.x 还是 Python 3.x？

首先,回答选择操作系统的问题,主要是在 Windows 和 Linux 之间选择。Python 是跨平台的语言,因此脚本可以跨平台运行,然而在不同的平台上其运行效率是不同的。一般来说 Python 在 Linux 系统下的运行速度比在 Windows 系统下的运行速度快,特别是对于数据分析和挖掘任务。此外,在 Linux 系统下搭建 Python 开发平台相对来说容易一些,很多 Linux 发行版自带 Python 程序,并且在 Linux 系统下更容易解决第三方库的依赖问题。当然,Linux 系统的操作门槛较高,入门的读者可以先在 Windows 系统下熟悉操作,然后再考虑迁移到 Linux 系统下。

再回答选择版本问题,Python 3.x 对 Python 2.x 进行了较大程度的更新,可以认为 Python 3.x 什么都好,就是它的部分代码不兼容 Python 2.x 的代码。

二、基础平台的搭建

搭建基础平台的第一步是安装 Python 核心程序。下面分别介绍在 Windows 系统和 Linux 系统的安装步骤,同时介绍 Python 的科学计算发行版——Anaconda。

1. 在 Windows 系统下安装 Python

在 Windows 系统下安装 Python 比较容易,直接到 Python 官网下载相应的 msi 安装包进行安装即可,和一般软件的安装相同,在此不再赘述。msi 安装包分为 32 位版本和 64 位版本,

请读者自行选择适合的版本。

2. 在 Linux 系统下安装 Python

大多数 Linux 发行版，如 CentOs、Debian、Ubuntu 等，均自带 Python 2.x 主程序，但 Python 3.x 主程序需要自行另外安装。

3. Anaconda

安装 Python 核心程序只是第一步，为了实现更丰富的科学计算功能，还需要安装一些第三方扩展库，这对于一般读者来说可能比较麻烦，尤其是在 Windows 系统下还可能出现各种错误。不过，已经有人专门将科学计算所需要的模块都编译好并打包以发行版的形式供用户使用。Anaconda 就是其中一个常用的科学计算发行版。

Anaconda 的特点如下。

(1) 包含众多流行的科学、数学、工程、数据分析的 Python 包。

(2) 完全开源。

(3) 全平台支持(Linux、Windows、Mac)且支持 Python 2.6、Python 2.7、Python 3.3、Python 3.4，可自由切换。

因此，推荐初级读者(尤其是使用 Windows 系统的读者)安装 Anaconda。读者只需要到 Anaconda 官网下载安装包进行安装即可，Anaconda 官网网址为 https://www.anaconda.com/。

安装好 Python 核心程序后，只需要在 CMD 命令窗口输入"Python"就可以进入 Python 环境。

实现步骤

(1) 启动 Visual Studio Code，执行"文件/打开文件夹"命令，如图 1-1-1 所示。

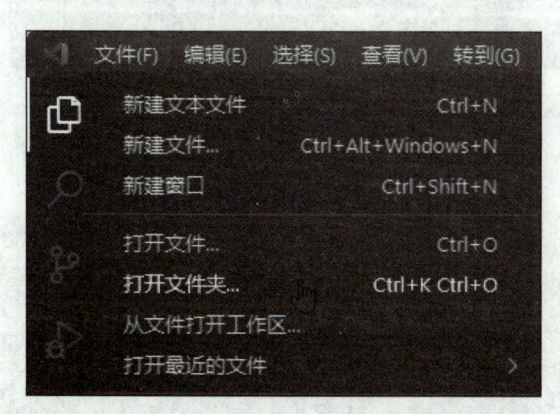

图 1-1-1 执行"文件/打开文件夹"命令

(2) 在打开的"打开文件夹"对话框中选择一个文件夹，如图 1-1-2 所示。

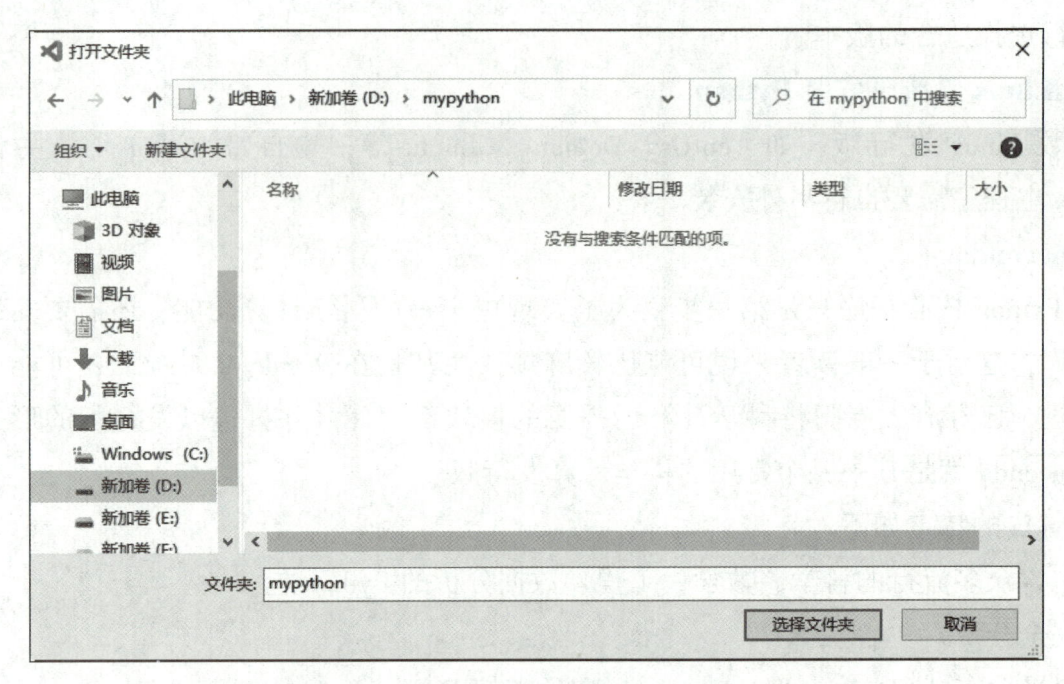

图 1-1-2 "打开文件夹"对话框

(3) 执行"文件/新建文件"命令，如图 1-1-3 所示。

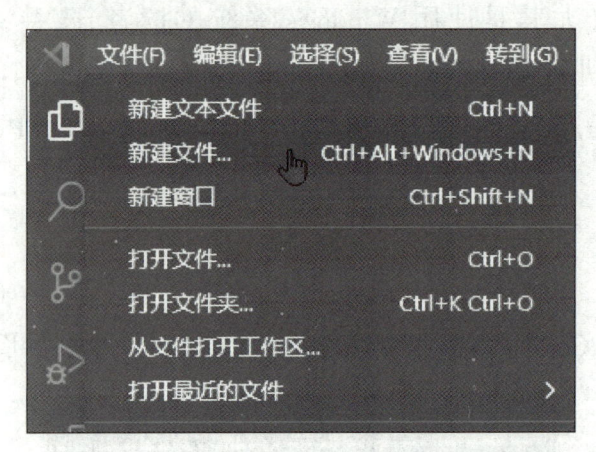

图 1-1-3 执行"文件/新建文件"命令

(4) 在新建提示列表中，选择"Python File"选项，如图 1-1-4 所示。

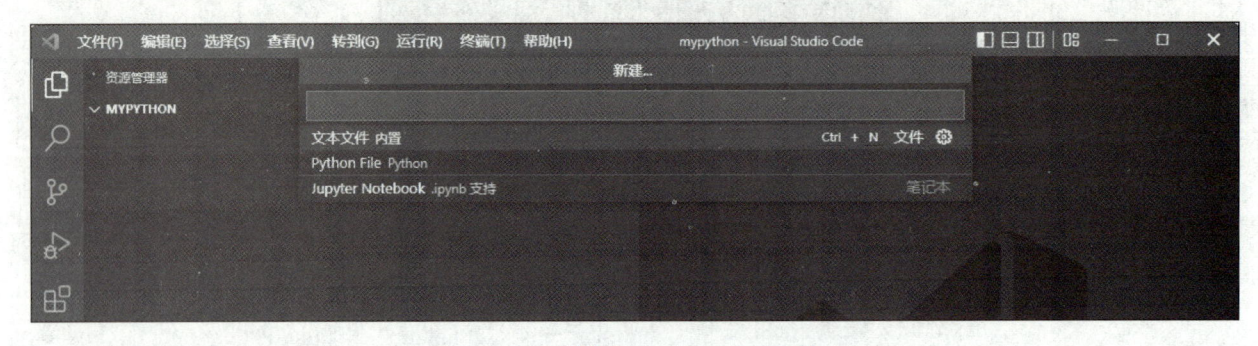

图 1-1-4 选择"Python File"选项

(5) 观察到右侧窗口的文件名为"Untitled-1"，执行"文件/保存"命令，如图 1-1-5 所示。

图 1-1-5　执行"文件/保存"命令

（6）在打开的"另存为"对话框中，输入文件名"hello.py"，如图 1-1-6 所示。

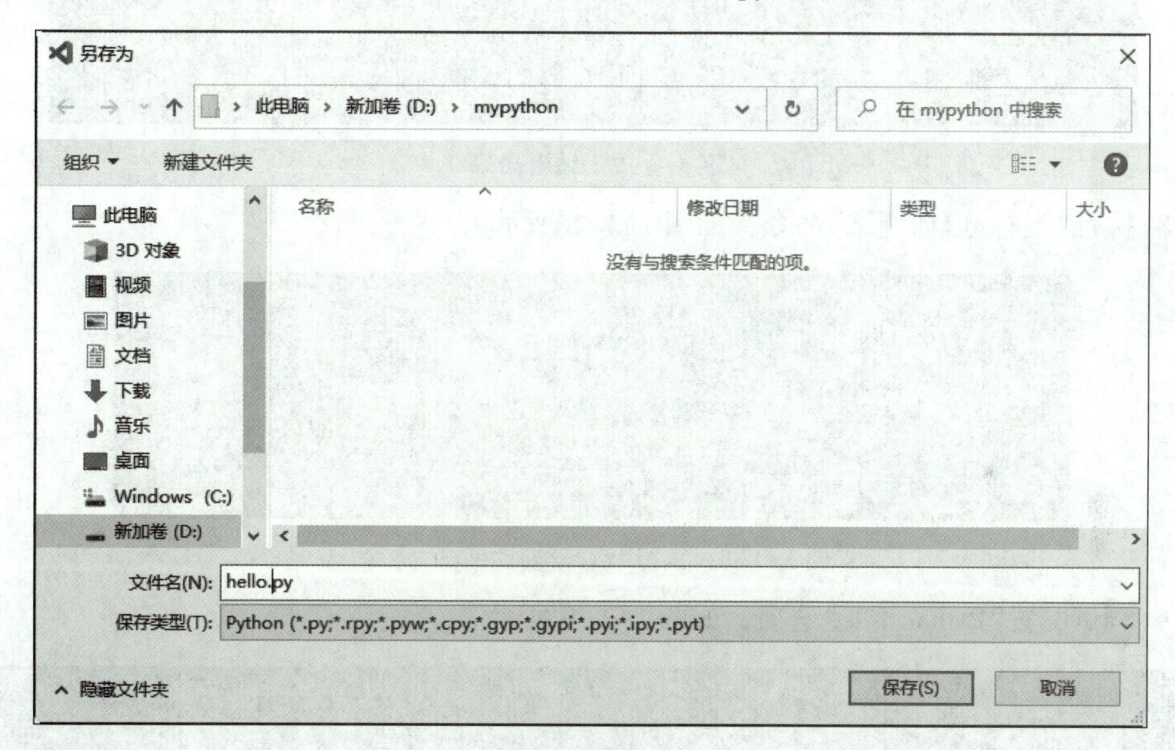

图 1-1-6　输入文件名

（7）编辑"hello.py"文件的内容，如图 1-1-7 所示。

【参考代码】

```
print("hello")
```

【知识解读】

```
print("hello")        #实现在终端输出"hello"字符
```

提示：输入代码时，会得到类似代码的提示。

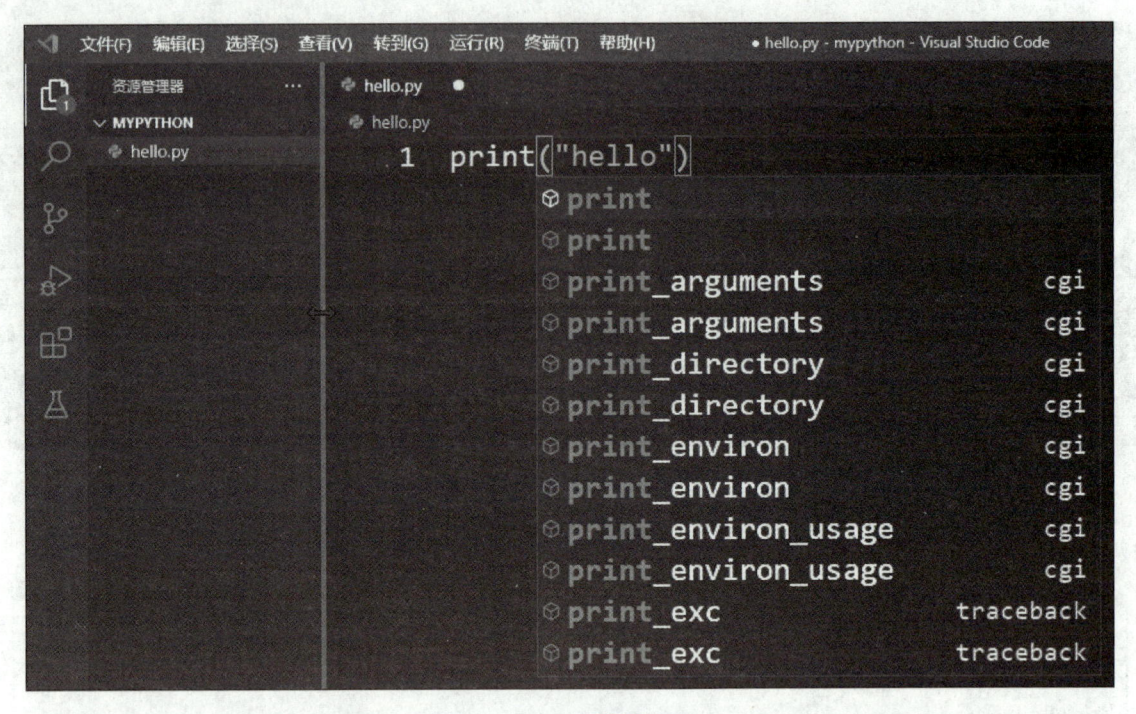

图 1-1-7　编辑代码

(8) 执行"运行/启动调试"命令，如图 1-1-8 所示。

图 1-1-8　执行"运行/启动调试"命令

(9) 调试配置"Python File"选项，如图 1-1-9 所示。

图 1-1-9　调试配置"Python File"选项

(10) 观察到从终端下方的窗口中可以看到输出结果"hello"，表示程序运行成功，如图 1-1-10 所示。

图 1-1-10 程序运行成功

任务二　输出 1~10 的数字

任务要求

（1）在指定目录下正确创建和保存 Python 程序文件。
（2）使用 for 语句编程实现在终端输出 1~10 的数字的功能。

输出 1~10 的数字

知识准备

数字中国是数字时代国家信息化发展的新战略，是驱动引领经济高质量发展的新动力，涵盖经济、政治、文化、社会、生态等各领域信息化建设，涉及千行百业，主要包括"互联网+"、大数据、云计算、数字经济、电子政务等内容。数字中国建设离不开数据的采集与处理。Python 语言常用的数据处理语句如下。

一、相关概念

1. 运算符

运算符是指用于对变量和值进行各种操作的符号，如+、-、*、/等。

2. 表达式

表达式是一种变量、值、运算符和函数调用的组合形式，其计算结果是一个具体的值。例如：

```
a = 1
b = 9
print("a+b=",a+b)          #第二个参数就是一个表达式,结果是10
```

上述代码的输出如下:

```
a+b= 10
```

又如:

```
a = 1
b = "hello"
print(a+len(b))            #参数"a+len(b)"是一个包含函数的表达式
```

上述代码的输出如下:

```
6
```

3. 表达式与语句的区别

在 Python 语言中,语句是执行某些操作的完整代码行,而表达式是可以被求值的代码片段。

二、for 语句

for 语句按照成员在某一序列中出现的顺序,对该序列中的成员进行迭代。for 语句的一般形式如下:

```
for 变量 in 序列
    语句块
```

例如:

```
shuiGuo = ["苹果","香蕉","梨"]
for w in shuiGuo:
    print(w)
```

上述代码的输出如下:

```
苹果
香蕉
梨
```

实现步骤

(1)启动 Visual Studio Code,新建文件并命名为"exam.py",编辑代码,如图 1-2-1 所示。

【参考代码】

```
for i in range(1,11):
    print(i)
```

【知识解读】

```
for i in range(1,11):
#控制循环10次,i为1时循环第1次,i为2时循环2次,直到i为10时循环#10次,在末尾必须输入英文状态下的半角字符":"(冒号)
    print(i)          #每循环一次被执行一次,必须向右缩进
```

提示：输入代码时，必须按严格的规范进行缩进，print(i)必须向右缩进才能在循环体内被执行。

（2）执行"运行/启动调试"命令，可观察到终端输出 1~10 的数字，如图 1-2-1 所示。

图 1-2-1　编辑代码

拓展阅读

　　高凤林，焊接火箭"心脏"发动机的中国第一人。突破极限精度，将龙的轨迹划入太空；破解 20 载困难，让中国繁星映亮天穹！焊花闪烁，岁月寒暑，高凤林，为火箭铸"心"，为民族筑梦！

　　长征系列火箭，是我国重要的运载火箭，40%的长征系列火箭"心脏"的焊接出自高凤林之手。高深的技艺将火箭"心脏"的核心部件——泵前组件的产品合格率从 29%提升到92%，破解了 20 多年来掣肘我国航天事业快速发展的困难。火箭生产的提速让中国迎来了航天密集发射的新时期。

　　极致：焊点宽 0.16 mm、管壁厚 0.33 mm。

　　专注：为避免失误，练习 10 min 不眨眼。

　　坚守：35 年焊接 130 多枚火箭发动机。

　　匠心：用专注和坚守创造不可能。

任务三 输出 100 以内 5 的倍数

任务要求

(1) 创建 Python 程序文件。
(2) 使用 for 语句、if 语句编程实现在终端输出 100 以内 5 的倍数的功能。

知识准备

分支结构又称为条件控制,它根据条件表达式的逻辑值来决定继续执行的语句序列。在 Python 中,分支结构的实现形式是 if 语句。Python 中 if 语句的一般形式如下:

```
if 条件表达式1:
    语句块1
elif 条件表达式2:
    语句块2
else:
    语句块3
```

其中,关键字为 if…elif…else。

注意:①每个条件后面要使用冒号(:),表示接下来是满足条件后要执行的语句块;②使用缩进来划分语句块,相同缩进数的语句组成一个语句块。

例如:

```
x = int(input("输入一个数"))
if x < 0:
    print('你输入了一个负数。')
elif x == 0:
    print('你输入了一个零。')
else:
    print('你输入了一个正数。')
```

上述代码的测试过程如下:

```
输入一个数 5
你输入了一个正数。
输入一个数 0
你输入了一个零。
输入一个数 -9
你输入了一个负数。
```

实现步骤

（1）启动 Visual Studio Code，新建文件并命名为"exam.py"，编辑代码，如图 1-3-1 所示。

【参考代码】

```
for i in range(1,101):
    if i%5==0:
        print(i)
```

【知识解读】

```
for i in range(1,101):#控制循环 100 次,从 i 等于 1 到 100 时循环
    if i%5==0:#判断 i 除 5 的余数是否等于 0,即 i 被 5 整除,较上一行代码
            #向右缩进
        print(i)#在终端打印变量 i 的值,每循环一次被执行一次
            #较上一行代码再向右缩进
```

提示：输入该程序代码时，在 for 语句和 if 语句末尾必须输入英文状态下的半角字符"："（冒号）。

（2）执行"运行/启动调试"命令，可观察到终端输出 100 以内 5 的倍数，如图 1-3-1 所示。

图 1-3-1 新建文件并编辑代码

拓展阅读

朱恒银，一个普通的钻探工人，发明深度钻探技术。从地表向地心，他让探宝"银针"不断挺进。一腔热血，融入千米厚土；一缕微光，射穿岩层深处。让钻头行走的深度，矗立为行业的高度！地质钻探的水平，体现着一个国家的综合实力。朱恒银的定向钻探技术彻底颠覆传统，取芯的时间由 30 多个小时缩短到了 40 分钟；在全国 50 多个矿区推行利用后，产生的经济效益高达数千亿，弥补七项国内空白。44 年，朱恒银，用智慧、毅力，向技艺的巅峰不断挑战。

任务四　生成多个随机数

任务要求

（1）创建 Python 程序文件。
（2）用 import 语句实现随机数模块 random 的导入。
（3）用 randint（1，10）实现随机数的产生。
（4）结合 for 语句编程实现产生和输出 4 个随机数的功能。

生成多个随机数

知识准备

面对"全球数据爆发增长、海量集聚"的新特征可知，"大数据正日益产生重要影响"，进而可以得出"大数据是信息化发展的新阶段"的重要论断，强调"要构建以数据为关键要素的数字经济"，首次明确数据是一种要素。要应用好数据这一要素，就要对其进行深入分析与处理。Python 语言中常用的数据处理函数如下。

一、import 与 from…import

import 导入整个模块，from…import 导入部分或全部函数。例如：

```
import sys
from math import pi
print(pi)
```

上述代码的输出如下：

```
3.141592653589793
```

二、random 库常用函数

使用 random 库的主要目的是生成随机数。为了满足实际应用需求，random 库提供了不同类型的随机数函数，其中最基本的随机数函数是 random.random()，它生成一个[0.0, 1.0)区间上的随机小数，所有其他随机数函数都是基于这个函数扩展而来的。randam 库的常用函数如表 1-4-1 所示。

表 1-4-1 random 库的常用函数

函数名称	函数功能
seed(a=None)	初始化随机数种子，参数 a 的默认值为当前系统时间
random()	返回一个[0.0, 1.0)区间上的随机小数
randint(a, b)	返回一个[a, b]区间上的随机整数
getrandbits(k)	返回一个 k 比特长度的随机整数
randrange(start, stop, step=1)	返回一个[start, stop)区间上以 step 为步长的随机整数
uniform(a, b)	返回一个[a, b]区间上的随机小数
choice(seq)	从序列类型的对象 seq 中随机选取一个元素返回
shuffle(seq)	将序列类型对象 seq 中元素随机排列，返回打乱后的序列
sample(seq, k)	从序列类型的对象 seq 中随机选取 k 个元素，放入一个列表，并返回此列表

实现步骤

(1)启动 Visual Studio Code，新建文件并命名为 exam.py，编辑代码，如图 1-4-1 所示。

【参考代码】

```
import random
for i in range(1,5):
    n=random.randint(1,10)
    print(n)
```

【知识解读】

```
import random#导入 random 模块
for i in range(1,5):#控制循环 4 次,从 i 等于 1 到 4 时循环
    n=random.randint(1,10)#随机产生 1~10 的整数并赋给变量 n
    print(n)#在终端打印变量 n 的值
```

提示：第 3、4 行代码向右缩进。

(2)执行"运行/启动调试"命令，可观察到终端输出 4 个随机数(注意：每次执行输出的结果几乎不可能相同)，如图 1-4-1 所示。

13

图 1-4-1　新建文件并编辑代码

任务五　求 n 个数之和

任务要求

(1) 创建 Python 程序文件。
(2) 用 import 语句实现随机数模块 random 的导入。
(3) 用 randint(1，10) 实现随机数的产生。
(4) 结合 for 语句和累加技能，编程实现求 5 个随机数之和的功能。

实现步骤

(1) 启动 Visual Studio Code，新建文件并命名为"exam.py"，编辑代码，如图 1-5-1 所示。

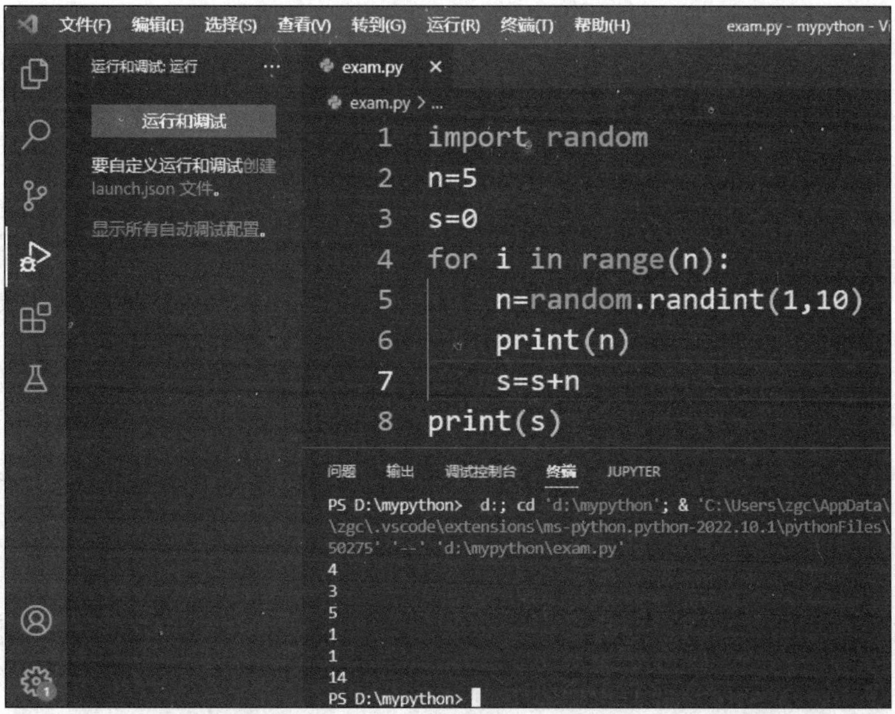

项目一 Python 编程入门

图 1-5-1 编辑代码

【参考代码】

```
import random
n=5
s=0
for i in range(n):
    n=random.randint(1,10)
    print(n)
    s=s+n
print(s)
```

【知识解读】

import random#导入 random 模块
n=5#定义变量 n,初始值为 5
s=0#定义变量 s,初始值为 0
for i in range(n):#控制循环 n 次,根据 n 的实际数值确定循环次数
　　　　　　#从 n 等于 0 到 n-1 时循环
　　n=random.randint(1,10)#随机产生 1~10 的整数并赋给变量 n
　　print(n)#在终端打印变量 n 的值
　　s=s+n#n 值累加赋给变量 s
print(s)#本行代码不缩进,所有循环执行完成后,在终端打印变量 s 的值

提示：只有第 5~7 行代码向右缩进。

（2）执行"运行/启动调试"命令，可观察到终端输出 6 个数，最后一个数是前 5 个数的和（注意：每次执行输出的结果几乎不可能相同）。

15

任务六 随机红包

任务要求

（1）用数组定义指定的红包金额。
（2）用 randint(1，10)实现随机数的产生。
（3）结合 for 语句和 randint( )的随机数功能，编程实现随机显示其中一个红包金额的功能。

实现步骤

（1）启动 Visual Studio Code，新建文件并命名为"exam.py"，编辑代码，如图 1-6-1 所示。

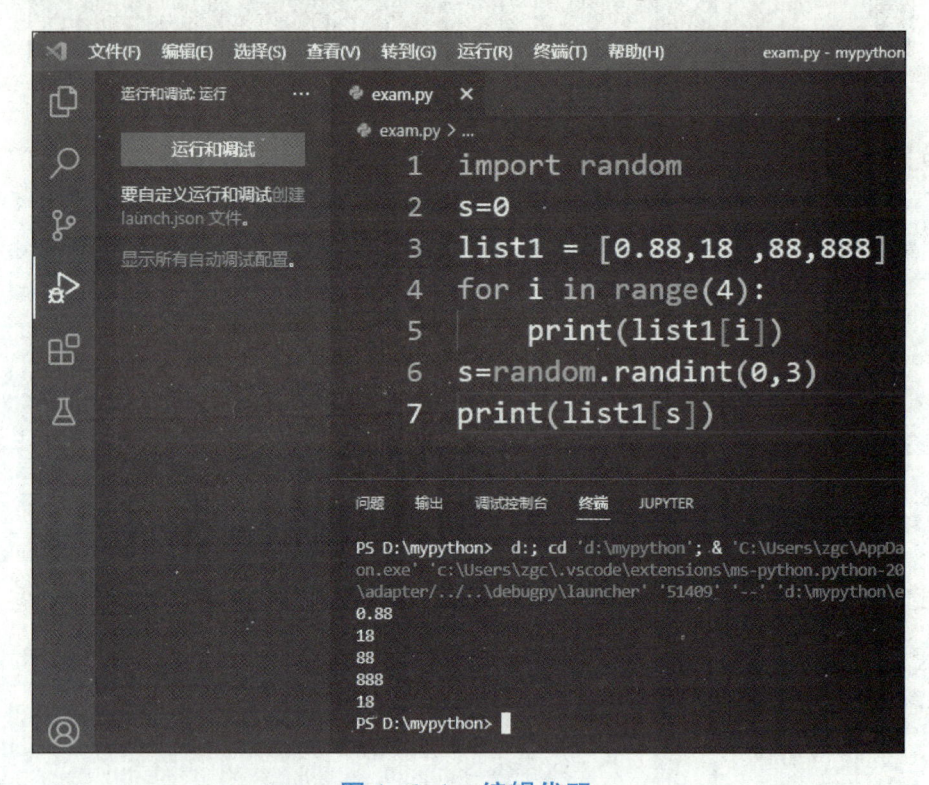

图 1-6-1　编辑代码

【参考代码】

```
import random
s=0
list1 = [0.88,18 ,88,888]
for i in range(4):
    print(list1[i])
s=random.randint(0,3)
print(list1[s])
```

【知识解读】

```
import random#导入random模块
s=0#定义变量s,初始值为0
list1 = [0.88,18 ,88,888]#定义数据变量list1,初始值为0.88,18 ,88,888
for i in range(4):
    print(list1[i])#在终端打印数组变量list1的第i个值
s=random.randint(0,3)#随机产生一个0~3的整数并赋给变量s
print(list1[s])##在终端打印数组变量list1的第s个值
```

提示：只有第5行代码向右缩进。

（2）执行"运行/启动调试"命令，可观察到终端输出5个数，前4个数是数列各元素值，最后一个数是从前4个数随机抽出的其中一个数（注意：每次执行输出的结果可能不相同）。

任务七 输出九九乘法表

任务要求

（1）九九乘法表中的每个表达式纵向对齐。
（2）用for语句的二重循环的嵌套应用实现九九乘法表的输出。

知识准备

无论是for语句还是while语句，都可以在循环体中再包含for语句或while语句，称为循环的嵌套。

输出九九乘法表的程序分析如下。用两层循环输出九九乘法表。外层循环用来表示第一个自然数序列，外循环变量i依次代表1，2，3，…，9，内循环用来表示第二个自然数序列，内循环变量j依次代表1，2，3，…，9，内循环体输出每行的九九乘法表（注意，输出各项时光标不换行）。内循环结束后令光标换行（属于外循环体语句）。

实现步骤

（1）启动Visual Studio Code，新建文件并命名为"exam.py"，编辑代码，如图1-7-1所示。
【参考代码】

```
for i in range(1,10):
    for j in range(1,i+1):
        print(str(i)+"x"+str(j)+"="+str(i* j)+'\t',end='')
    print("")
```

【知识解读】

"print(str(i)+"x"+str(j)+"="+str(i* j)+'\t',end='')"语句把变量转换为字符串;'\t'是制表符,代表 4 个空格;"end=' '"表示最后输出的内容为空,这是为了保证不换行。

"print("")"输出空字符,目的仅是实现换行的效果。

提示:注意第 2~4 行代码的向右缩进要求。

(2)执行"运行/启动调试"命令,可观察到终端输出了一个九九乘法表,如图 1-7-1 所示。

图 1-7-1　编辑代码

项目小结

本项目以实际案例为依据,主要介绍了 Python 语言中的变量定义、模块导入、if 语句、for 循环语句、随机函数、变量求和、打印输出函数 print( )等的应用。通过本项目的学习,学生应对 Python 语言有初步的认识,并能够使用 Python 语言解决实际问题。

项目评价

班级		项目名称	
姓名		教师	
学期		评分日期	

续表

评分内容(满分100分)		学生自评	学生互评	教师评价
专业技能 (60分)	任务完成进度(10分)			
	对理论知识的掌握程度(20分)			
	理论知识的应用能力(20分)			
	改进能力(10)			
综合素养 (40分)	按时打卡(10分)			
	信息获取的途径(10分)			
	按时完成学习及任务(10分)			
	团队合作精神(10分)			
总分				
综合得分 (学生自评10%,同学互评10%,教师评价80%)				
学生签名:		教师签名:		

思考与练习

1. 编程输出 1！+2！+…+n！的值，在程序运行时输入 n 的值。要求用循环嵌套实现。
2. 编程输出 1+2+3+…+100 的结果。
3. 在程序运行时输入一个整数，判断其奇偶性并输出相应结论。
4. 编程输出九九乘法表。

项目二
Excel 电子表格文件的操作

【项目导学】

党的二十大报告中提出了许多重要的精神，如发展经济、加强军事、推动科技等。数据采集与处理技术可以帮助我们更好地理解这些精神，并为实现这些目标提供支持。例如，要了解中国经济的发展情况，可以使用数据采集与处理来收集和分析各个行业的数据，了解哪些行业发展迅速，从而帮助政府做出更好的决策，促进经济发展。

数据采集与处理技术多种多样，利用 Python 库中的 openpyxl 模块就可以方便、快捷地处理数据信息。

openpyxl 是一个 Python 库，用于读取/写入". xlsx"". xlsm"". xltx"". xltm"文件，但不支持". xls"文件。

在 Python 程序中引用 openpyxl 模块，首先必须安装 openpyxl 模块库，方法为从 Windows 系统进入 CMD 命令窗口，运行"pip install openpyxl"命令。

本项目通过增加表格中的订单数量、计算表格中的"合计"值、创建新的景点表、合并单元格、更改单元格样式、插入文件夹中的多张图片、读取工作表中的图片、删除与插入单元格、生成柱形图表、分割工作簿文件、合并工作簿文件等任务，讲解 Python 中 openpyxl 模块库的操作方法。

在本项目的各任务操作中会用到 openpyxl 模块的部分函数，其中操作 Excel 文件前必须创建或加载 Excel 文件，主要函数如表 2-0-1 所示。

表 2-0-1 函数的主要功能

函数名	功能	参数说明
openpyxl. Workbook( )	新建本地工作簿，相当于创建了一个空白的 Excel 文件，返回一个空白的 Excel 对象	—
openpyxl. load_workbook( )	加载本地已存在的工作簿，返回一个 Excel 对象	参数可为文件名，例如"load_workbook("abc. xlsx")"。文件名前可添加文件目录

【教学目标】

知识目标：

（1）认识 Python 常用的第三方扩展库；

（2）认识 openpyxl 库的作用。

能力目标：

（1）能根据需要安装必要的 Python 第三方扩展库；

（2）能简单应用 openpyxl 库。

素质目标：

（1）培养学生有效沟通、团队合作意识；

（2）激发学生学习 Python 知识的兴趣，提高学生使用 Python 进行数据处理的热情。培养学生自主分析问题解决问题的意识。

任务一　增加表格中的订单数量

任务要求

（1）现有文件"table1.xlsx"，"table1.xlsx"中 Sheet1 工作表是一份订单表，如图 2-1-1 所示。

（2）读取表中的数据，并把订单数量增加 2。

（3）将结果保存在"table2.xlsx"文件中。

图 2-1-1 "table1.xlsx"文件

项目二　Excel 电子表格文件的操作

知识准备

一、基本运算

初步认识 Python 时，可以把它当作一个方便的计算器看待。读者可以打开 Python，试着输入如下命令：

```
a = 2    a * 2    a * * 2
```

上述命令是 Python 的几个基本运算，第一个命令是赋值运算，第二个命令是乘法运算，最后一个命令是幂运算（即 a^2），这些基本上是所有编程语言通用的。不过 Python 支持多重赋值，方法如下：

```
a, b, c = 2, 3, 4
```

这句多重赋值命令相当于如下命令：

```
a = 2   b = 3   c = 4
```

二、函数

Python 用 def 来自定义函数，如下所示。

```
def add2(x):        return x+2   print(add2(1))   #输出结果为3
```

与一般编程语言不同的是，Python 的函数返回值可以是各种形式，可以返回列表，甚至返回多个值，如下所示。

```
def add2(x = 0, y = 0):     #定义函数,同时定义参数的默认值
return [x+2, y+2]           #返回值是一个列表
def add3(x, y):
return x+3, y+3             #双重返回
a, b = add3(1,2)            #此时 a=4,b=5
```

有时候，定义 add2( ) 这类简单的函数时，用 def 正式地进行命名、计算和返回有点麻烦，Python 支持用 lambda 对简单的功能定义"行内函数"，这有点像 MATLAB 中的"匿名函数"，如下所示。

```
f = lambda x : x + 2        #定义函数 f(x)=x+2
g = lambda x, y: x + y      #定义函数 g(x,y)=x+y
```

实现步骤

（1）在 D 盘创建文件夹"mypython"，并把"table1.xlsx"文件复制到"D:\mypython\xls"目录下，如图 2-1-2 所示。

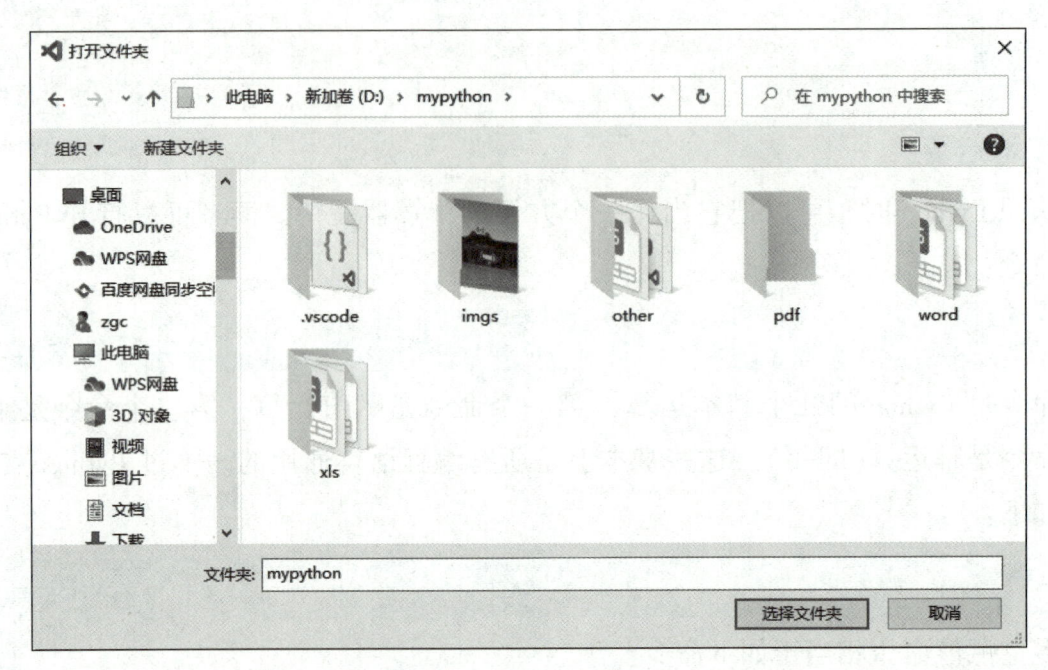

图 2-1-2 创建文件夹

在任务操作过程中，主要用到的工作簿对象操作函数和工作表对象操作函数如表 2-1-1 所示。

表 2-1-1 函数的主要功能

函数名	功能	参数说明
工作簿对象函数 save(filename)	保存工作簿对象	参数可为文件名，文件名前可添加文件目录
工作表对象函数 cell( )	获取工作表中单元格的内容	参数为行和列，即获取指定行和列的单元格；若 sheet1 为工作表对象，则获取第 1 行第 1 列单元格内容的语句可写成：sheet1.cell(row=1，column=1)

（2）启动 Visual Studio Code，执行"文件/打开文件夹"命令。

（3）打开"D：\mypython"文件夹作为项目目录，执行"文件/新建文件"命令，新建"mypython.py"文件，输入程序代码，如图 2-1-3 所示。

```
import openpyxl
订单表=openpyxl.load_workbook("xls\\table1.xlsx")
订单=订单表["Sheet1"]
for i in range(2,订单.max_row+1):
    订单.cell(row=i,column=3).value=订单.cell(row=i,column=3).value+2
    print(i)
    print(订单.cell(row=i,column=3).value)
订单表.save("xls\\table2.xlsx")
print('ok')
```

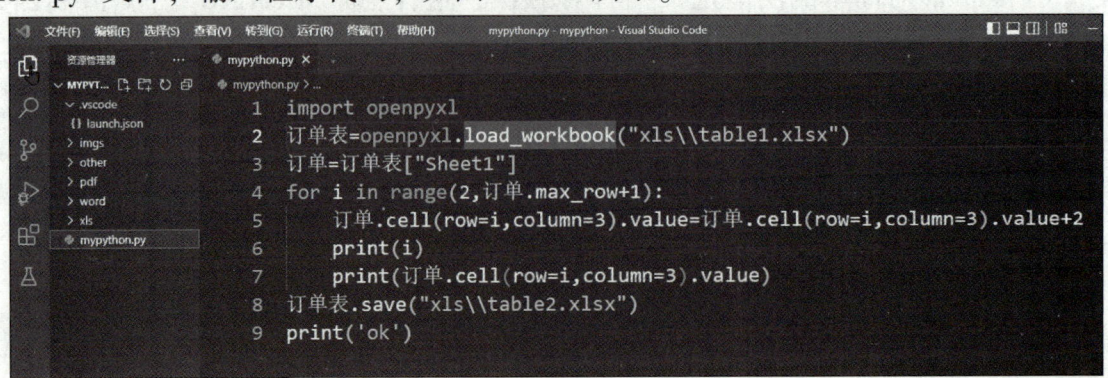

图 2-1-3 输入程序代码

【参考代码】

```
import openpyxl
订单表=openpyxl.load_workbook("xls\\table1.xlsx")
订单=订单表["Sheet1"]
for i in range(2,订单.max_row+1):
    订单.cell(row=i,column=3).value=订单.cell(row=i,column=3).value+2
    print(i)
    print(订单.cell(row=i,column=3).value)
订单表.save("xls\\table2.xlsx")
print('ok')
```

【代码解读】

```
#导入Excel文件模块
import openpyxl
#打开当前目录下的"xls"子目录中的"table1.xlsx"文件,赋给"订单表"变量
订单表=openpyxl.load_workbook("xls\\table1.xlsx")
#打开订单表中的Sheet1工作表,赋给"订单"变量
订单=订单表["Sheet1"]
#for语句从2开始循环到表中的最大一项
for i in range(2,订单.max_row+1):
#第i行的第3列数值增加2
    订单.cell(row=i,column=3).value=订单.cell(row=i,column=3).value+2
    print(i)#在前端打印i值
    print(订单.cell(row=i,column=3).value)
#在终端打印第i行的第3列的值
订单表.save("xls\\table2.xlsx")#保存订单表并命名为"table2.xlsx"
```

(4)执行"运行/启动调试"命令,如图2-1-4所示。

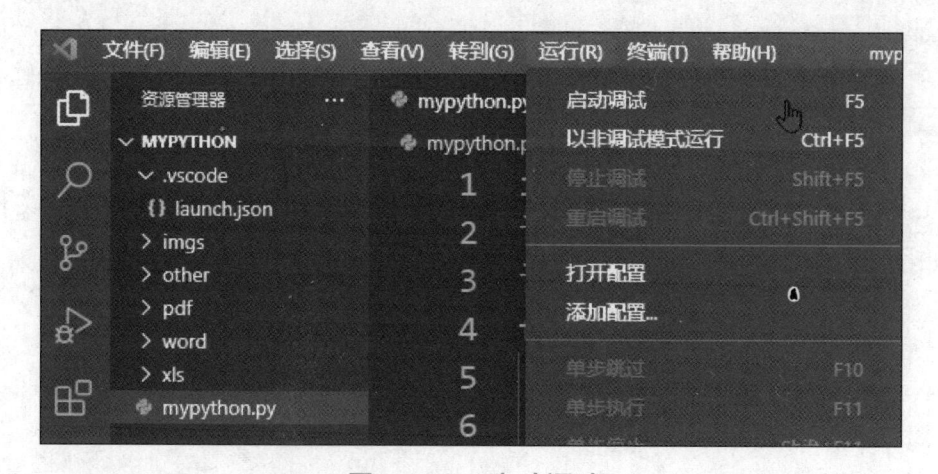

图2-1-4 启动调试

(5)运行程序时,会看终端输出了print括号中的变量值,如图2-1-5所示。

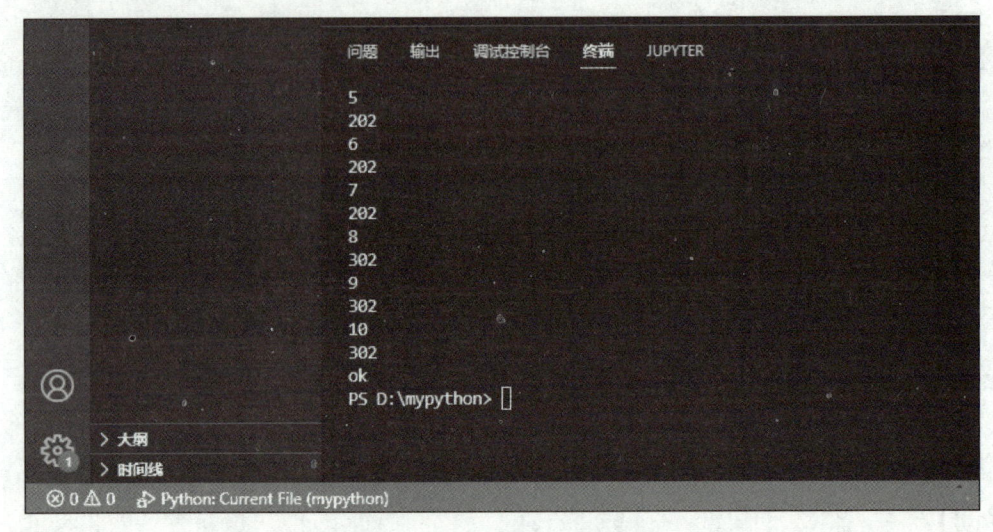

图 2-1-5　程序运行结果

(6)运行程序后,查看"xls"子目录,能看到程序生成的"table2.xlsx"文件,如图 2-1-6 所示。

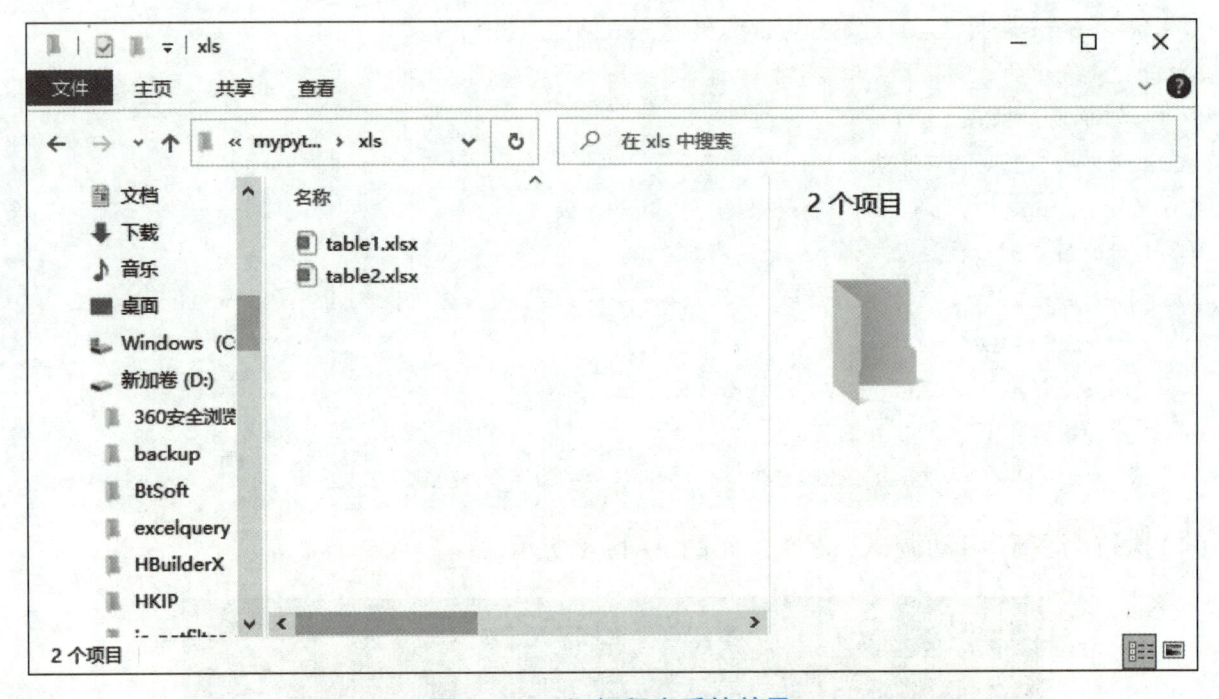

图 2-1-6　运行程序后的效果

(7)打开"table2.xlsx"文件,能看到工作表中订单的数值比"table1.xlsx"文件中订单的数值都多了 2,如图 2-1-7 所示。

图 2-1-7　最终操作效果

任务二　计算表格中的"合计"值

任务要求

（1）现有文件"销售单.xlsx"，是一份"合计"列为空的销售单，如图 2-2-1 所示。

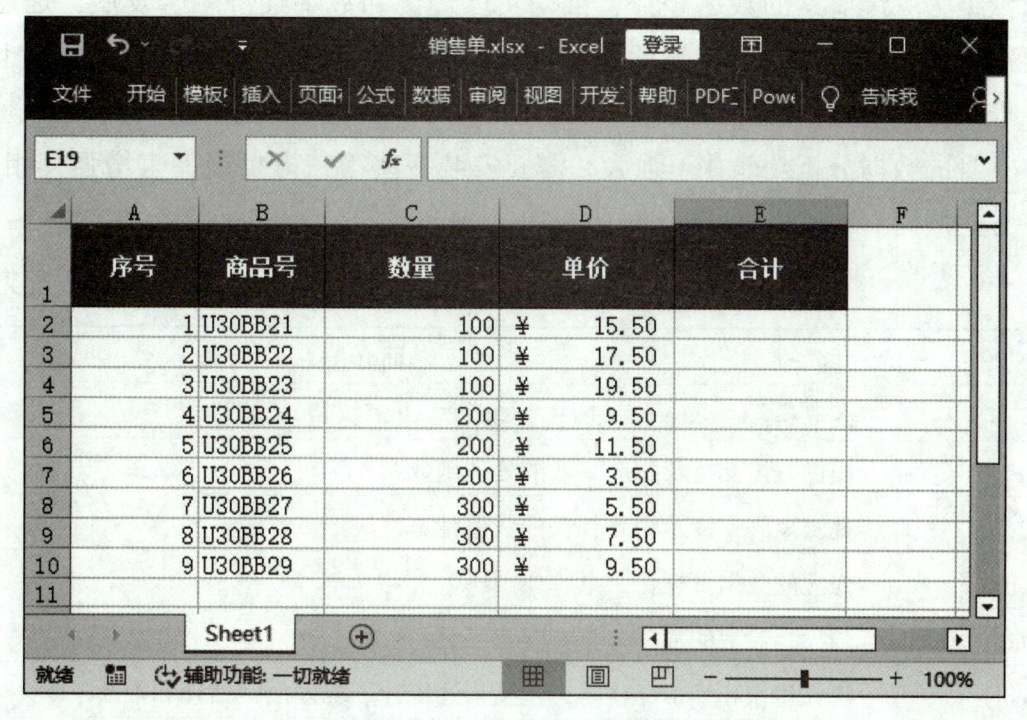

图 2-2-1　"合计"列为空

27

（2）按公式"合计=数量＊单价"计算得到"合计"值。

（3）在数据的最后添加"合计"行，字体为粗体，如图 2-2-2 所示。

（4）将结果保存在文件"销售单合计.xlsx"中。

图 2-2-2 "合计"计算效果

知识准备

构建以数据为关键要素的数字经济，推动实体经济和数字经济融合发展，是建设数字中国的核心要点。在数字中国建设体系的基础设施中，数字身份是最前沿的一环，也是构建数字信任体系最重要的一环，它是开展各项数字化服务，推进数字中国建设的技术底座。

Python 本身的数据分析功能并不强大，需要安装一些第三方扩展库来增强其相应的功能。常用的第三方扩展库有 openpyxl、NumPy、SciPy、Matplotlib、pandas 等，如表 2-2-1 所示。

表 2-2-1 Python 第三方扩展库

第三方扩展库	简介
openpyxl	读取/写入".xlsx"".xlsm"".xltx"".xltm"文件
NumPy	提供数组支持及相应高效的处理函数
SciPy	提供矩阵支持及矩阵相关的数值计算模块
Matplotlib	强大的数据可视化工具、作图库
pandas	强大、灵活的数据分析和探索工具
StatsModels	统计建模和计量经济学，包括描述统计、统计模型估计和推断

续表

第三方扩展库	简介
scikit-learn	支持回归、分类、聚类等强大的机器学习库
Keras	深度学习库，用于建立神经网络以及深度学习模型
Gensim	用来做文本主题模型的库，进行文本挖掘时可能用到

1. openpyxl

openpyxl 是一个处理 Excel 表格的第三方扩展库。openpyxl 库可以处理 Excel 2010 以后的电子表格格式，包括".xlsx"".xlsm"".xltx"".xltm"文件。

openpyxl 是第三方扩展库，不是内置库，需要安装及导入才能使用。Windows 系统中的安装命令如下：

```
pip install openpyxl
```

2. NumPy

Python 并没有提供数组功能。虽然列表可以完成基本的数组功能，但它不是真正的数组，而且在数据量较大时，使用列表的速度会很慢。为此，NumPy 提供了真正的数组功能及对数据进行快速处理的函数。

在 Windows 系统中，NumPy 的安装与普通第三方扩展库的安装一样，可以通过 pip 命令进行安装，命令如下：

```
pip install numpy
```

也可以自行下载源代码，然后使用如下命令安装：

```
python setup.py install
```

3. SciPy

SciPy 包含的功能有最优化、线性代数、积分、插值、拟合、特殊函数、快速傅里叶变换、信号处理和图像处理、常微分方程求解和其他科学与工程中常用的计算。

SciPy 依赖 NumPy，因此安装之前得先安装 NumPy。安装 SciPy 的方法与安装 NumPy 的方法大同小异，需要注意的是，在 Ubuntu 下也可以用类似的命令安装 SciPy。安装命令如下：

```
sudo apt-get install python-scipy
```

4. Matplotlib

对 Python 来说，Matplotlib 是最著名的绘图库，主要用于二维绘图，也可以用于简单的三维绘图。

Matplotlib 可以通过"pip install matplotlib"命令安装或者自行下载源代码安装，在 Ubuntu 下也可以用类似的命令安装。安装命令如下：

```
sudo apt-get install python-matplotlib
```

需要注意的是，Matplotlib 的上级依赖库相对较多，手动安装时需要逐一把这些依赖库都安装好。

5. pandas

pandas 是 Python 下最强大的数据分析和探索工具。它包含高级的数据结构和精巧的工具，使用户可以在 Python 中非常快速和简单地处理数据。pandas 建造在 NumPy 之上，它使以 NumPy 为中心的应用更容易。

pandas 的功能非常强大，支持类似 SQL 的数据增、删、查、改，并且带有丰富的数据处理函数；支持时间序列分析功能；支持灵活处理缺失数据等。

pandas 的安装相对来说比较容易，只要安装好 NumPy，就可以直接安装 pandas。通过"pip install pandas"命令或下载源码后通过"python setup.py install"命令安装 pandas 均可。

6. StatsModels

StatsModels 更加注重数据的统计建模分析，支持与 pandas 进行数据交互。安装 StatsModels 相当简单，既可以通过 pip 命令安装，又可以通过源码安装。对于 Windows 用户来说，官网上甚至已经有编译好的".exe"文件可供下载。如果手动安装，需要自行解决依赖问题。StatsModels 依赖 pandas（当然也依赖 pandas 所依赖的库），同时还依赖 Pasty（一个描述统计的库）。

7. scikit-learn

scikit-learn 是 Python 下强大的机器学习工具包，它提供了完善的机器学习工具箱，包括数据预处理、分类、回归、聚类、预测、模型分析等。

scikit-learn 依赖 NumPy、SciPy 和 Matplotlib，因此，只需要提前安装好这几个库，然后安装 scikit-learn 基本就没有什么问题了。其安装方法与前几个库的安装方法一样，可以通过"pip install scikit-learn"命令安装，也可以下载源码自行安装。

8. Keras

Keras 是一个基于 Theano 的强大的深度学习库，利用它不仅可以搭建普通的神经网络，还可以搭建各种深度学习模型，如自编码器、循环神经网络、递归神经网络、卷积神经网络等。

9. Gensim

Gensim 用来处理语言方面的任务，如文本相似度计算、LDA、Word2Vec 等，这些领域的任务往往需要比较丰富的背景知识。

实现步骤

（1）打开"D:\mypython"文件夹作为项目目录，执行"文件/新建文件"命令，新建"mypython.py"文件，输入程序代码，编程实现如下功能。导入 openpyxl 模块，导入 Font 用于设置字体格式，打开"销售单.xlsx"文件，把 Sheet1 工作表的"数量*单价"写入"合计"单元格，并设置货币格式，如图 2-2-3 所示。

```
import openpyxl
from openpyxl.styles import Font
mytable=openpyxl.load_workbook("xls\\销售单.xlsx")
销售单=mytable["Sheet1"]
sum=0
for i in range(2,销售单.max_row+1):
    rowsum=销售单.cell(row=i,column=3).value*销售单.cell(row=i,column=4).value
    sum=sum+rowsum
    销售单.cell(row=i,column=5).value=rowsum
    销售单.cell(row=i,column=5).number_format = '"￥"#,##0.00'
    print(i)
    print(销售单.cell(row=i,column=5).value)
```

图 2-2-3　代码输入效果

【参考代码】

```
import openpyxl
from openpyxl.styles import Font
mytable=openpyxl.load_workbook("xls\\销售单.xlsx")
销售单=mytable["Sheet1"]
sum=0
for i in range(2,销售单.max_row+1):
    rowsum=销售单.cell(row=i,column=3).value* 销售单.cell(row=i,column=4).value
    sum=sum+rowsum
    销售单.cell(row=i,column=5).value=rowsum
    销售单.cell(row=i,column=5).number_format = '"￥"#,##0.00'
    print(i)
    print(销售单.cell(row=i,column=5).value)
```

【代码解读】

```
#Font 应用于字体格式设置
from openpyxl.styles import Font
    #第 i 行第 3 和第 4 列单元格的值
    销售单.cell(row=i,column=3).value* 销售单.cell(row=i,column=4).value
    #在前端输出第 i 行第 5 列单元格的值
    print(销售单.cell(row=i,column=5).value)
```

（2）在"mypython.py"文件中继续输入程序代码，实现功能——在原数据最后添加"合计"一行，如图 2-2-4 示。

```
13  vmax=销售单.max_row+1
14  销售单.cell(row=vmax,column=1).value="合计"
15  销售单.cell(row=vmax,column=1).font = Font(bold=True)
16  销售单.cell(row=vmax,column=5).value=sum
17  销售单.cell(row=vmax,column=5).font = Font(bold=True)
18  销售单.cell(row=vmax,column=5).number_format = '"￥"#,##0.00'
19  mytable.save("xls\\销售单合计.xlsx")
20  print('ok')
```

图 2-2-4　在原数据最后添加"合计"一行

【参考代码】

```
vmax=销售单.max_row+1
销售单.cell(row=vmax,column=1).value="合计"
销售单.cell(row=vmax,column=1).font = Font(bold=True)
销售单.cell(row=vmax,column=5).value=sum
销售单.cell(row=vmax,column=5).font = Font(bold=True)
销售单.cell(row=vmax,column=5).number_format = '"￥"#,##0.00'
mytable.save("xls\\销售单合计.xlsx")
print('ok')
```

【代码解读】

```
#最大行数数字增加1
vmax=销售单.max_row+1
#将字体设为粗体
销售单.cell(row=vmax,column=1).font = Font(bold=True)
#将单元格格式设为货币类型
销售单.cell(row=vmax,column=5).number_format = '"￥"#,##0.00'
```

（3）运行程序后，查看"xls"目录下的"销售单合计.xlsx"文件内容是否符合要求。

拓展阅读

　　大国工匠夏立的工作是为重要科学设施组配高精度天文装置。"技艺吹影镂尘，擦亮中华翔龙之目；组装妙至毫巅，铺就嫦娥奔月星途。"夏立，当"天马"凝望远方，绵延着我们的期待，也温暖你的梦想。

　　钳工是一个普通的工种，但是能将手工装配精度做到 0.002 mm 绝不简单，这相当于头发丝直径的 1/40。30 多年来，夏立亲手装配的天线指过北斗，送过神舟，护过战舰，亮过"天眼"，他也从 17 岁的学徒工成长为身怀绝技的大国工匠，在人类纵目宇宙的背后是一份极致的磨砺。

任务三 创建新的景点表

任务要求

（1）编写程序实现"景点表"的创建功能，"景点表"效果如图 2-3-1 所示。
（2）"景点表"包括"景点名称""所在省市"表头。
（3）表名为"景点表"。
（4）A2：A7 的内容是景点名称，B2：B7 的内容是景点所在省市的名称。

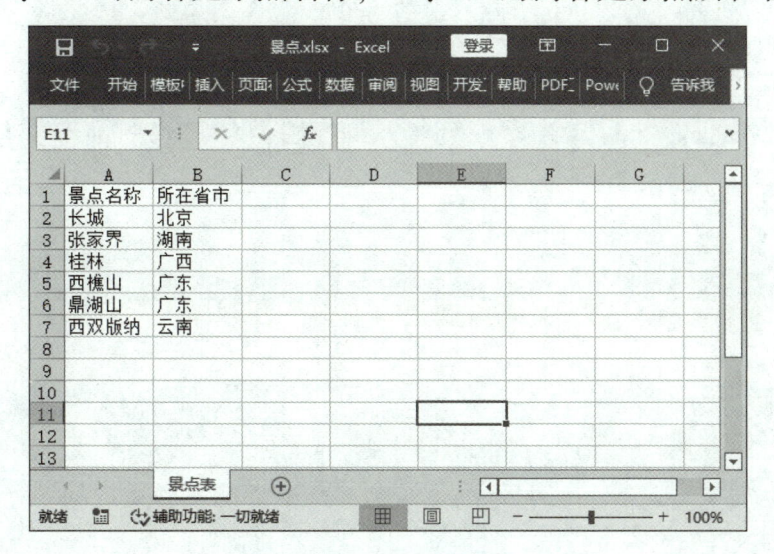

图 2-3-1 "景点表"效果

创建新的景点表

实现步骤

（1）打开"D：\mypython"文件夹作为项目目录，执行"文件/新建文件"命令，新建"mypython.py"文件，输入程序代码，实现功能——导入 openpyxl 模块，定义 data 变量的值存入表格，自定义数组变量 data_excel，并把 data 变量的值赋给数组变量 data_excel，如图 2-3-2 所示。

（2）输入程序代码，创建工作簿文件实例，赋给 wb 变量，把数组变量 data_excel 的值写入单元格，如图 2-3-3 所示。

```
1  import openpyxl
2  data = {
3      '长城':'北京',     '张家界':'湖南',
4      '桂林':'广西',     '西樵山':'广东',
5      '鼎湖山':'广东',   '西双版纳':'云南'
6  }
7  data_excel = []
8  for each in data:
9      data_excel.append([each, data[each]])
```

图 2-3-2 输入程序代码

```
10  wb = openpyxl.Workbook()
11  ws = wb.active
12  ws.title = '景点表'
13  ws['A1'] = '景点名称'
14  ws['B1'] = '所在省市'
15  for each in data_excel:
16      ws.append(each)
17  wb.save('景点.xlsx')
```

图 2-3-3 输入对应代码

【参考代码】

```python
import openpyxl
data = {
    '长城':'北京',    '张家界':'湖南',
    '桂林':'广西',    '西樵山':'广东',
    '鼎湖山':'广东', '西双版纳':'云南'
    }
data_excel = []
for each in data:
    data_excel.append([each, data[each]])
wb = openpyxl.Workbook()
ws = wb.active
ws.title = '景点表'
ws['A1'] = '景点名称'
ws['B1'] = '所在省市'
for each in data_excel:
    ws.append(each)
wb.save('景点.xlsx')
```

【代码解读】

```python
#定义变量data,存储多条数据
data = {
    '长城':'北京',    '张家界':'湖南',
    '桂林':'广西',    '西樵山':'广东',
    '鼎湖山':'广东', '西双版纳':'云南'
    }
data_excel = []#创建空的数组data_excel
for each in data:#遍历data各元素
    data_excel.append([each, data[each]])
#把data各元素逐个追加到data_excel变量中
wb = openpyxl.Workbook()#新建一个空的电子表格文件赋给变量wb
ws = wb.active      #获取活跃的工作表
ws.title = '景点表'  #设置工作表的表头
ws['A1'] = '景点名称'  #把'景点名称'赋给A1单元格
ws['B1'] = '所在省市'  #把'所在省市'赋给B1单元格
for each in data_excel: #遍历data_excel各元素
    ws.append(each)  #把data_excel元素追加到工作表中
```

任务四 合并单元格

任务要求

（1）编写程序实现"派工单"的创建功能，并实现单元格合并，"派工单"表格效果如图 2-4-1 所示。

（2）"派工单"表格包括"派工单"表头、项目名称、工作内容、派工人、负责人等。

图 2-4-1 "派工单"表格效果

实现步骤

（1）打开"D:\mypython"文件夹作为项目目录，执行"文件/新建文件"命令，新建"mypython.py"文件，输入程序代码，实现功能——从 openpyxl 模块导入 Workbook，从 openpyxl.styles 模块导入 Alignment，将表格第 1 行 A1：F1 单元格合并，写入"派工单"，代码实现文本内容水平居中、垂直居中，如图 2-4-2 所示。

```
from openpyxl import Workbook
from openpyxl.styles import Alignment

book = Workbook()
sheet = book.active
sheet.merge_cells('A1:F1')
tt=sheet.cell(row=1, column=1)
tt.value= '派工单'
tt.alignment = Alignment(horizontal='center', vertical='center')
```

图 2-4-2 输入程序代码 1

（2）在"mypython.py"文件中继续输入程序代码，实现功能——在第 2 行第 1 列输入"项目名称:",合并 B2：F2 单元格,合并 A3：F6 单元格,写入"工作内容",设置文本内容水平方向左对齐、垂直方向靠顶部对齐,如图 2-4-3 所示。

```
sheet.cell(row=2, column=1).value= '项目名称:'
sheet.merge_cells('B2:F2')
sheet.merge_cells('A3:F6')
tt=sheet.cell(row=3, column=1)
tt.value= '工作内容:'
tt.alignment = Alignment(horizontal='left', vertical='top')
```

图 2-4-3　输入程序代码 2

(3)在"mypython.py"文件中继续输入程序代码,实现功能——在第 7 行第 1 列输入"派工人:",合并 B7：C7 单元格,在第 7 行第 4 列输入"负责人:",合并 E7：F7 单元格,保存文件名为"派工单.xlsx",如图 2-4-4 所示。

```
tt=sheet.cell(row=7, column=1)
tt.value= '派工人:'
sheet.merge_cells('B7:C7')
tt=sheet.cell(row=7, column=4)
tt.value= '负责人:'
sheet.merge_cells('E7:F7')
book.save('派工单.xlsx')
```

图 2-4-4　输入程序代码 3

【参考代码】

```python
from openpyxl import Workbook
from openpyxl.styles import Alignment

book =Workbook()
sheet =book.active
sheet.merge_cells('A1:F1')
tt=sheet.cell(row=1, column=1)
tt.value= '派工单'
tt.alignment = Alignment(horizontal='center', vertical='center')
sheet.cell(row=2, column=1).value= '项目名称:'
sheet.merge_cells('B2:F2')
sheet.merge_cells('A3:F6')
tt=sheet.cell(row=3, column=1)
tt.value= '工作内容:'
tt.alignment = Alignment(horizontal='left', vertical='top')
tt=sheet.cell(row=7, column=1)
tt.value= '派工人:'
sheet.merge_cells('B7:C7')
```

```
tt=sheet.cell(row=7,column=4)
tt.value='负责人:'
sheet.merge_cells('E7:F7')
book.save('派工单.xlsx')
```

【代码解读】

```
#导入Alignment可以用于单元格对齐设置
from openpyxl.styles import Alignment
#合并单元格A1:F1
sheet.merge_cells('A1:F1')
#指定表格第1行第1列并写入'派工单'
tt=sheet.cell(row=1,column=1)
tt.value='派工单'
#horizontal='left'设置tt单元格的文本水平靠左对齐
#vertical='center'设置tt单元格的文本垂直顶端对齐
tt.alignment = Alignment(horizontal='left', vertical='top')
#合并单元格A3:F6
sheet.merge_cells('A3:F6')
#horizontal='center'设置tt单元格的文本水平居中对齐
#vertical='center'设置tt单元格的文本垂直居中对齐
tt.alignment = Alignment(horizontal='center', vertical='center')
```

任务五 更改单元格样式

任务要求

（1）打开"派工单.xlsx"文件，按要求修改单元格样式，效果如图2-5-1所示。

（2）第1行的高度为40磅。

（3）为单元格填充一种合适的背景色。

（4）为第1行的单元格设置边框线，其中底部边框线的style='thick'，其他边框线的style='thin'，形成加粗下边框线的效果。

（5）为"项目名称:""派工人:""负责人:"等单元格填充一种合适的背景色。

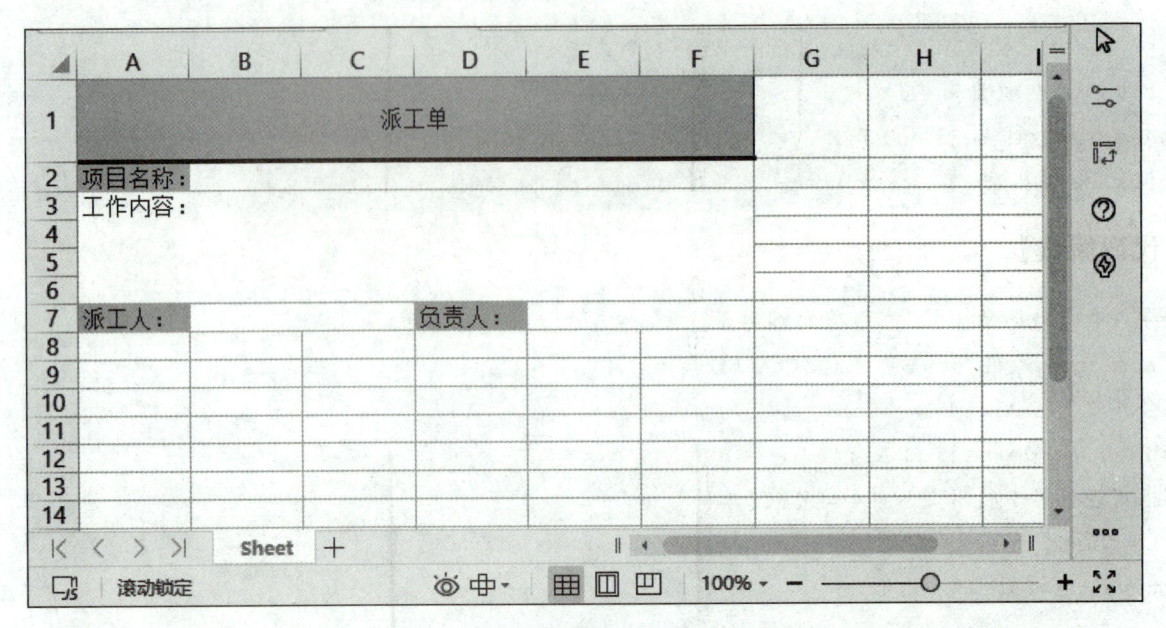

图 2-5-1　更改单元格样式效果

实现步骤

（1）打开"D：\mypython"文件夹作为项目目录，执行"文件/新建文件"命令，新建"mypython.py"文件，输入程序代码，实现功能——从 openpyxl 模块导入 load_workbook，从 openpyxl.styles 模块导入 Alignment、PatternFill、colors、Border、Side 等功能模块，如图 2-5-2 所示。

```
from openpyxl import load_workbook
from openpyxl.styles import PatternFill
from openpyxl.styles import colors, Border, Side
```

图 2-5-2　输入程序代码 1

（2）在"mypython.py"文件中继续输入程序代码，实现功能——打开"派工单.xlsx"文件，打开第 1 个工作表，设置第 1 行的高度为 40 磅，如图 2-5-3 所示。

```
wb = load_workbook('派工单.xlsx')
ws = wb[wb.sheetnames[0]]
ws.row_dimensions[1].height = 40
```

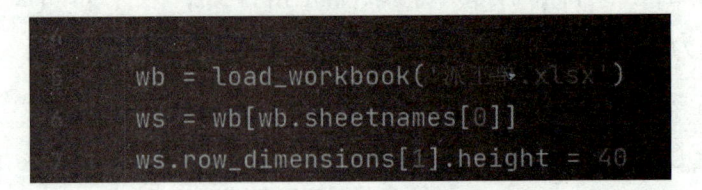

图 2-5-3　输入程序代码 2

（3）在"mypython.py"文件中输入程序代码，实现功能——定义单元格颜色的填充方式 fills = PatternFill("solid"，fgColor="FFC0CB")，参数 solid 表示以纯色方式填充，参数 fgColor 设置填充的前景色，ws.cell(1, 1).fill = fills 实现对所指定第 1 行第 1 列单元格的填充。编写代码，用 fills 填充第 1 行第 1 列、第 2 行第 1 列、第 7 行第 1 列、第 7 行第 4 列，如图 2-5-4 所示。

```
fills = PatternFill("solid", fgColor="FFC0CB")
ws.cell(1, 1).fill = fills
ws.cell(2, 1).fill = fills
ws.cell(7, 1).fill = fills
ws.cell(7, 4).fill = fills
```

图 2-5-4　输入程序代码 3

（4）在"mypython.py"文件中继续输入程序代码，实现功能——用 Border( ) 函数设置单元格左边框、右边框、上边框、下边框的线型和颜色，设置 A1、B1、C1、D1、E1、F1 等单元格的边框，最后保存文件为"派工单 2.xlsx"，如图 2-5-5 所示。

```
border_set = Border(left=Side(style='thin', color=colors.BLACK),
                    right=Side(style='thin', color=colors.BLACK),
                    top=Side(style='thin', color=colors.BLACK),
                    bottom=Side(style='thick', color=colors.BLACK))
ws['A1'].border = border_set
ws['B1'].border = border_set
ws['C1'].border = border_set
ws['D1'].border = border_set
ws['E1'].border = border_set
ws['F1'].border = border_set
wb.save('派工单2.xlsx')
```

图 2-5-5　输入程序代码 4

【参考代码】

```python
from openpyxl import load_workbook
from openpyxl.styles import PatternFill
from openpyxl.styles import colors, Border, Side

wb = load_workbook('派工单.xlsx')
ws = wb[wb.sheetnames[0]]
ws.row_dimensions[1].height = 40

fills = PatternFill("solid", fgColor="FFC0CB")
ws.cell(1, 1).fill = fills
ws.cell(2, 1).fill = fills
ws.cell(7, 1).fill = fills
ws.cell(7, 4).fill = fills
border_set = Border(left=Side(style='thin', color=colors.BLACK),
    right=Side(style='thin', color=colors.BLACK),
    top=Side(style='thin', color=colors.BLACK),
    bottom=Side(style='thick', color=colors.BLACK))
ws['A1'].border = border_set
ws['B1'].border = border_set
```

```
ws['C1'].border = border_set
ws['D1'].border = border_set
ws['E1'].border = border_set
ws['F1'].border = border_set
wb.save('派工单2.xlsx')
```

【代码解读】

```
#PatternFill用于填充单元格
from openpyxl.styles import PatternFill
#colors用于定义颜色,Border用于设置单元格4个方向的边框,Side用于定义边框的样式
from openpyxl.styles import colors, Border, Side
#定义单元格高度为40磅
ws.row_dimensions[1].height = 40
#定义填充单元格的样式
fills =PatternFill("solid", fgColor="FFC0CB")
#用定义的样式变量填充单元格
ws.cell(1, 1).fill = fills
#定义底边框的线型和颜色
border_set = Border(left=Side(style='thin', color=colors.BLACK),
    right=Side(style='thin', color=colors.BLACK),
    top=Side(style='thin', color=colors.BLACK),
    bottom=Side(style='thick', color=colors.BLACK))
#用定义的样式变量填充A1单元格边框
ws['A1'].border = border_set
```

任务六 插入文件夹中的多张图片

任务要求

（1）创建新的工作簿，把"imgs"子目录中的所有图片插入工作表，如图2-6-1所示。

（2）表头依次是"序号""图片""文件名称"。

（3）每张图片一行，图片左列是序号数字，图片右列是图片文件名。

（4）设置合适的行高和列宽。

插入文件夹中的多张图片

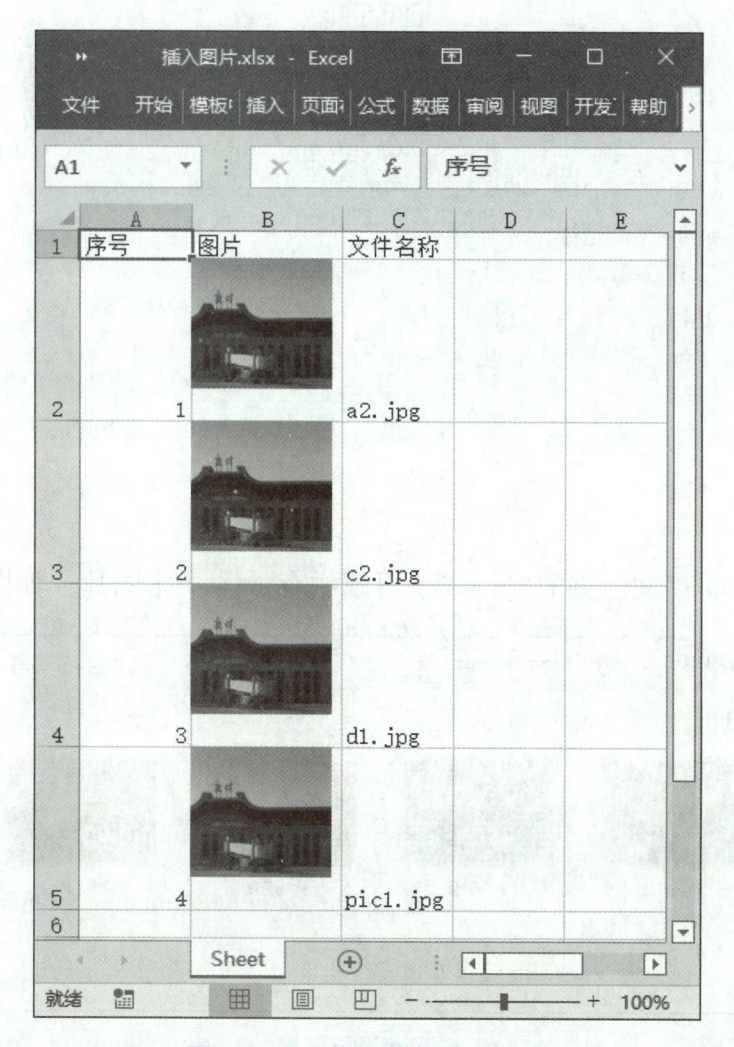

图 2-6-1　将图片插入工作表

【参考代码】

```
from openpyxl import Workbook
from openpyxl.drawing.image import Image
import os
wb = Workbook()
sheet =wb.active
column_width = 12
row_height = 80
imgsize = (90, 85)
path = "imgs"
file_name_list = os.listdir(path)
sheet['A1'] = "序号"
sheet['B1'] = "图片"
sheet['C1'] = "文件名称"
sheet.column_dimensions['B'].width = column_width
n=1
for pic in file_name_list:
```

```
    sheet['A'+str(n+1)] = n
    sheet['C'+str(n+1)] = pic
    n=n+1
    sheet.row_dimensions[n].height = row_height
    img = Image('imgs\\'+pic)
    img.width, img.height = imgsize
    sheet.add_image(img,'B'+str(n))
wb.save('插入图片.xlsx')
print("ok")
```

实现步骤

（1）在"D:\mypython"文件夹的"imgs"子目录中存放若干张图片，如图2-6-2所示。

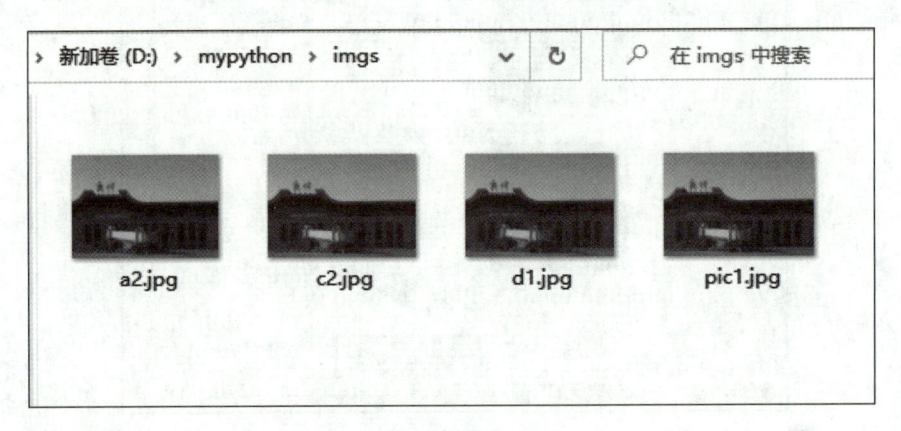

图 2-6-2　图片展示

（2）打开"D:\mypython"文件夹作为项目目录，执行"文件/新建文件"命令，新建"mypython.py"文件，输入程序代码，实现功能——从openpyxl模块导入Workbook类，从openpyxl.drawing.image模块导入Image()函数，导入os模块，如图2-6-3所示。

```
1  from openpyxl import Workbook
2  from openpyxl.drawing.image import Image
3  import os
```

图 2-6-3　输入程序代码1

【代码解读】

```
#openpyxl模块的Workbook类,可以用于创建新的Excel文档
from openpyxl import Workbook
from openpyxl.drawing.image import Image
import os        #Python os模块包含普遍的操作系统功能
```

（3）在"mypython.py"文件中继续输入程序代码，实现功能——打开"课程表.xlsx"文件，打开第1个工作表，设置A列的宽度为20磅，设置第1行的高度为40磅，如图2-6-4所示。

项目二　Excel电子表格文件的操作

```
4  wb = Workbook()
5  sheet = wb.active
6  column_width = 12
7  row_height = 80
8  imgsize = (90, 85)
9  path = "imgs"
10 file_name_list = os.listdir(path)
```

图 2-6-4　输入程序代码 2

【代码解读】

wb = Workbook()	#创建一个新的 Excel 文档,即 wb 表示一个工作簿
	#包括一个默认的 Sheet1 工作表
sheet =wb.active	#默认调用 wb 中的第一个工作表
column_width = 12	#设置变量 column_width 记录值为 12
row_height = 80	#设置变量 row_height 记录值为 80
imgsize = (90,85)	#设置元组变量 imgsize,一组有两个值 90 和 85,是两个数的集合
path = "imgs"	#设置变量 path 记录值为字符串 imgs
file_name_list = os.listdir(path)	#获取"imgs"目录下的所有文件

（4）在"mypython.py"文件中继续输入程序代码，实现功能——写入 A1、B1、C1 等单元格写入表头内容，并设置 B 列的宽度，如图 2-6-5 所示。

```
11 sheet['A1'] = "序号"
12 sheet['B1'] = "图片"
13 sheet['C1'] = "文件名称"
14 sheet.column_dimensions['B'].width = column_width
```

图 2-6-5　输入程序代码 3

（5）在"mypython.py"文件中继续输入程序代码，实现功能——遍历 file_name_list 的所有文件，将序号写入 A 列，将文件名写入 C 列，将图片插入 B 列，如图 2-6-6 所示。

```
15 n=1
16 for pic in file_name_list:
17     sheet['A'+str(n+1)] = n
18     sheet['C'+str(n+1)] = pic
19     n=n+1
20     sheet.row_dimensions[n].height = row_height
21     img = Image('imgs\\'+pic)
22     img.width, img.height = imgsize
23     sheet.add_image(img,'B'+str(n))
24 wb.save('插入图片.xlsx')
25 print("ok")
```

图 2-6-6　输入程序代码 4

【代码解读】

```
n=1
for pic in file_name_list:
    sheet['A'+str(n+1)] = n          #将变量n的值写入指定单元格
    sheet['C'+str(n+1)] = pic        #将变量pic的值写入指定单元格
    n=n+1
    sheet.row_dimensions[n].height = row_height
    #设置第n行的高度
    img = Image('imgs\\'+pic)#img记录"imgs"目录下的图片文件
    #注意,目录名与文件名之间用\\双斜杠作为分隔符
    img.width, img.height = imgsize
    #用元组变量imgsize给img.width、img.height赋值
    #以设置图片的大小
    sheet.add_image(img,'B'+str(n))
    #将变量img(图片值)写入指定单元格
```

任务七 读取工作表中的图片

任务要求

（1）现"景点列表.xlsx"文件的工作表中，有多张景点图片和标题，如图2-7-1所示。

（2）编程获取工作表中的图片，把图片保存在指定文件夹"imgs"中。

（3）文件名以标题命名，扩展名为".png"，如景点"1.png""景点2.png""景点3.png""景点4.png"。

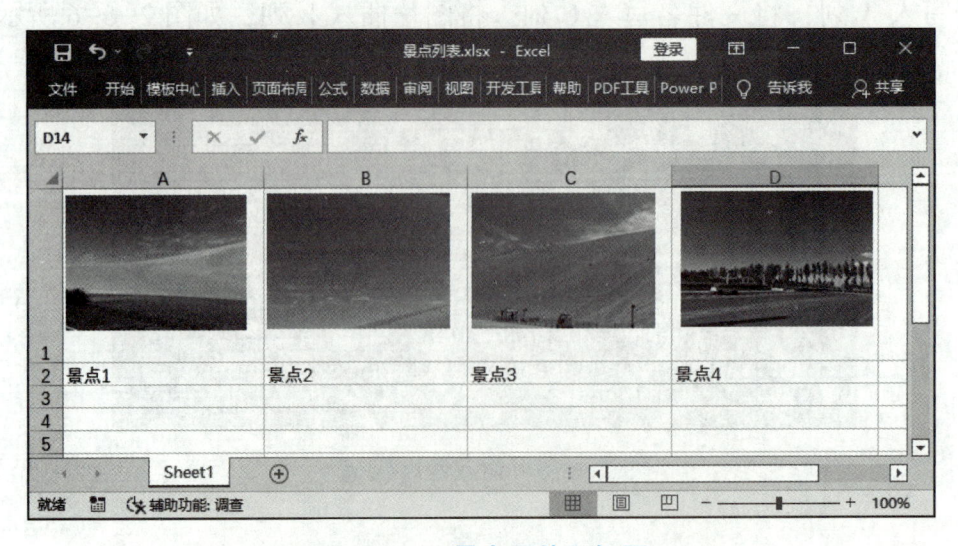

图 2-7-1　景点图片和标题

【参考代码】

```
from PIL import Image
from openpyxl import load_workbook
wb = load_workbook("景点列表.xlsx")
ws = wb[wb.sheetnames[0]]
for image inws._images:
    #将图片转换成图片对象
    img = Image.open(image.ref).convert("RGB")
    vrow=image.anchor._from.row
    vcol=image.anchor._from.col
    imgname=ws.cell(row=2,column=vcol+1).value
    img.save("imgs\\"+imgname+".png")
```

实现步骤

（1）打开"D：\mypython"文件夹作为项目目录，执行"文件/新建文件"命令，新建"mypython.py"文件，输入程序代码，实现功能——从 PIL 模块导入 Image() 函数，从 openpyxl 模块导入 load_workbook() 函数，打开"景点列表.xlsx"文件，获取第 1 个工作表，如图 2-7-2 所示。

```
1  from PIL import Image
2  from openpyxl import load_workbook
3  wb = load_workbook("景点列表.xlsx")
4  ws = wb[wb.sheetnames[0]]
```

图 2-7-2　输入程序代码 1

【代码解读】

```
from PIL import Image            #从 PIL 模块导入 Image() 函数
from openpyxl import load_workbook
#load_workbook()函数可打开已存在的工作簿文件
wb = load_workbook("景点列表.xlsx")
#打开"景点列表.xlsx"文件
ws = wb[wb.sheetnames[0]]
#获取第 1 个(索引号为 0)工作表赋给 ws 变量
```

（2）在"mypython.py"文件中继续输入程序代码，实现功能——把获取的图片文件用标题命名后保存到指定的"imgs"目录中，如图 2-7-3 所示。

```
5   for image in ws._images:
6       # 将图片转换成图片对象
7       img = Image.open(image.ref).convert("RGB")
8       vrow=image.anchor._from.row
9       vcol=image.anchor._from.col
10      imgname=ws.cell(row=2,column=vcol+1).value
11      img.save("imgs\\"+imgname+".png")
```

图 2-7-3　输入程序代码 2

提示：完成程序后，可按 F5 键执行程序。

（3）运行程序之后，在"D：\mypython"文件夹的"imgs"子目录中可查看到获取的图片已按要求保存，如图 2-7-4 所示。

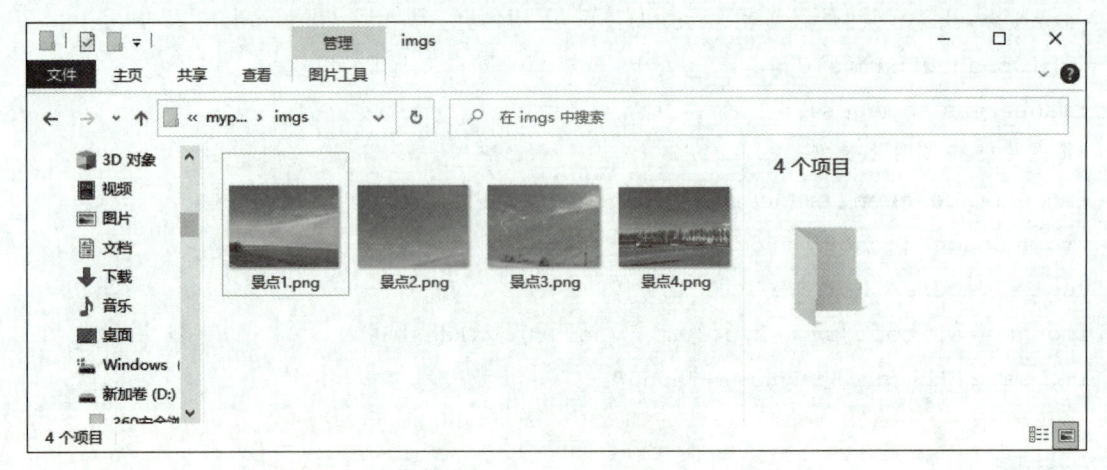

图 2-7-4　程序运行结果

任务八　删除与插入单元格

任务要求

（1）现有文件"一周生产计划表.xlsx"，如图 2-8-1 所示。

图 2-8-1　"一周生产计划表.xlsx"

（2）原生产计划要求周末上班，现准备以后不在周末双休，删除周末的上班计划，为了不影响生产，把原周末的生产量平均分配到每天的加班中，因此需要添加"加班"计划。

（3）完成后输出文件"一周生产计划表（加班）.xlsx"，如图2-8-2所示。

图2-8-2 "一周生产计划表（加班）.xlsx"

【参考代码】

```python
from openpyxl import load_workbook
from openpyxl.styles import Alignment
wb = load_workbook("一周生产计划表.xlsx")
ws = wb[wb.sheetnames[0]]
ws.insert_rows(6)
ws.delete_cols(7)
ws.delete_cols(7)
for i in range(2,7):
    ws.cell(row=6, column=i).value="1680"
am=ws.cell(row=6, column=1)
am.value = '加班'
am.alignment = Alignment(horizontal='center', vertical='center')
wb.save("一周生产计划表(加班).xlsx")
```

实现步骤

（1）打开"D:\mypython"文件夹作为项目目录，执行"文件/新建文件"命令，新建"mypython.py"文件，输入程序代码，实现功能——从openpyxl模块导入load_workbook()函数，从openpyxl.styles模块导入Alignment()函数，打开"一周生产计划表.xlsx"文件，获取第

1个工作表，如图2-8-3所示。

```
from openpyxl import load_workbook
from openpyxl.styles import Alignment
wb = load_workbook("一周生产计划表.xlsx")
ws = wb[wb.sheetnames[0]]
```

图 2-8-3　输入程序代码 1

【代码解读】

```
#从 openpyxl 模块导入 load_workbook()函数
from openpyxl import load_workbook
#从 openpyxl.styles 模块导入 Alignment()函数
from openpyxl.styles import Alignment
#打开"一周生产计划表.xlsx"文件
wb = load_workbook("一周生产计划表.xlsx")
#获取第 1 个(索引号为 0)工作表赋给 ws 变量
ws = wb[wb.sheetnames[0]]
```

（2）在"mypython.py"文件中继续输入程序代码，实现功能——插入第6行，删除第7行两次，用for语句在第6行的第2~第6列单元格填入"1680"，表示加班生产数量，在第6行第1列填入"加班"，并设置为水平居中且垂直居中，最后保存文件名为"一周生产计划表（加班）.xlsx"，如图2-8-4所示。

```
ws.insert_rows(6)
ws.delete_cols(7)
ws.delete_cols(7)
for i in range(2,7):
    ws.cell(row=6, column=i).value="1680"
am=ws.cell(row=6, column=1)
am.value='加班'
am.alignment = Alignment(horizontal='center', vertical='center')
wb.save("一周生产计划表(加班).xlsx")
```

图 2-8-4　输入程序代码 2

【代码解读】

```
#插入第 6 行
ws.insert_rows(6)
#删除第 7 列
ws.delete_cols(7)
#删除第 7 列时,可从表中看到,第 7 列是星期六的内容
#删除后星期日的内容就向左移,在本命令后,原第 8 列成了新的第 7 列,因此,若要删除星期六的列后还要
删除星期日的列,就要执行两次删除第 7 列的操作
ws.delete_cols(7)    #再删除第 7 列,实际删除的是星期日的内容
for i in range(2,7):    #第 2~第 6 列循环 5 次
```

```
        ws.cell(row=2, column=i).value="1680"
        #在第2行的第2～第6列写入"1680"
am=ws.cell(row=2, column=1)
#获取第2行的第1列单元格内容,记录在am变量中
am.value = '加班'    #把"加班"写入am变量记录的单元格
#am单元格内容水平居中、垂直居中
am.alignment = Alignment(horizontal='center',
vertical='center')
wb.save("一周生产计划表(加班).xlsx")
#wb记录的工作簿内容以"一周生产计划表(加班).xlsx"文件名保存在当前目录中,这里的当前目录就是
程序文件执行的当前目录
```

(3)运行程序之后,在"mypython.py"文件的目录下打开"一周生产计划表(加班).xlsx"文件,效果如图2-8-2所示。

任务九　生成柱形图表

任务要求

(1)现有文件"产品月利润表.xlsx",数据在工作表Sheet1中的A1：D区域,如图2-9-1所示。

(2)以A1：D区域的数据创建柱形图,在F1单元格插入图表。

(3)设置图表标题"利润图表"。

(4)设置y轴方向标题"数量"、x轴方向标题"项目"。

(5)显示分类图例名称和项目名称,如图2-9-2所示。

图2-9-1　"产品月利润表.xlsx"

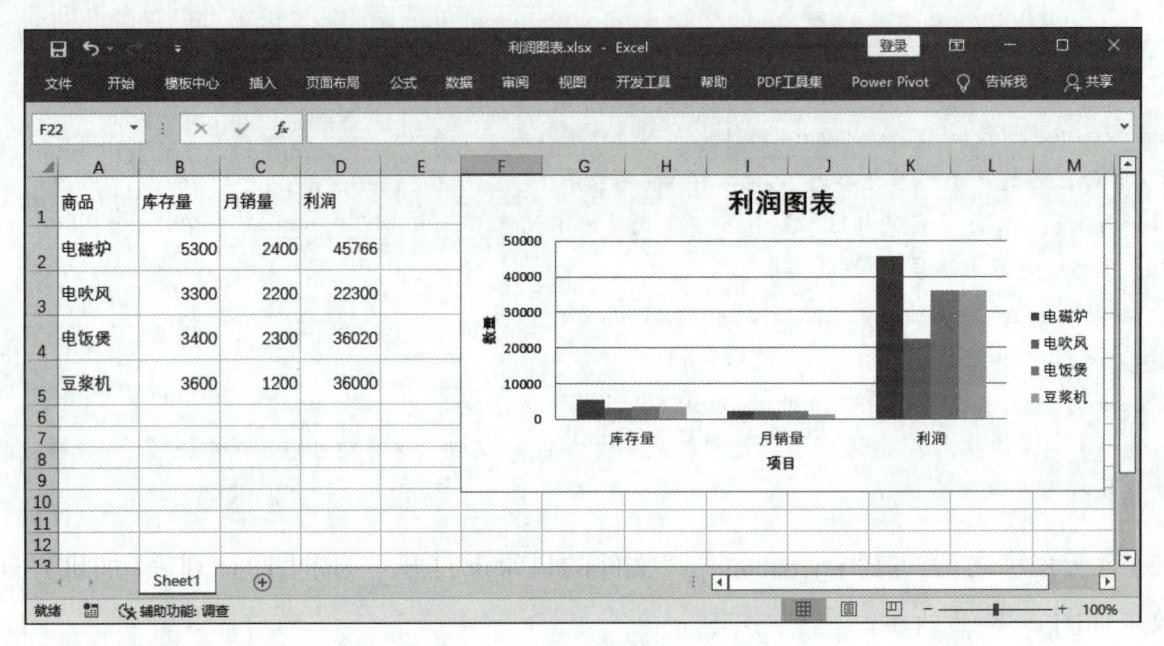

图 2-9-2　显示分类图例名称和项目名称

【参考代码】

```
from openpyxl.chart import BarChart, Reference
from openpyxl import load_workbook
wb = load_workbook("xls\\产品月利润表.xlsx")
ws = wb[wb.sheetnames[0]]
values =Reference(ws, min_col=1, min_row=2, max_col=4, max_row=5)
chart =BarChart()
series =Reference(ws, min_col=2, min_row=1, max_col=4, max_row=1)
chart.add_data(values,titles_from_data=True, from_rows=True)
chart.set_categories(series)
chart.title ="利润图表"
chart.x_axis.title ="项目"
chart.y_axis.title ="数量"
chart.type = "col"
ws.add_chart(chart, "F1")
wb.save('利润图表.xlsx')
```

实现步骤

(1) 打开"D：\mypython"文件夹作为项目目录，执行"文件/新建文件"命令，新建"mypython.py"文件，输入程序代码，实现功能——从 openpyxl.chart 模块导入 BarChart()和 Reference()函数，从 openpyxl 模块导入 load_workbook()函数，打开"产品月利润表.xlsx"文件，打开第 1 个工作表，如图 2-9-3 所示。

项目二　Excel 电子表格文件的操作

```
1  from openpyxl.chart import BarChart, Reference
2  from openpyxl import load_workbook
3  wb = load_workbook("xls\\产品月利润表.xlsx")
4  ws = wb[wb.sheetnames[0]]
```

图 2-9-3　输入程序代码 1

【代码解读】

```
#BarChart()函数用于创建柱形图表,Reference()函数用于设定图表的数据区域
from openpyxl.chart import BarChart, Reference
#load_workbook()函数用于打开现有的工作簿文件
from openpyxl import load_workbook
#打开"xls"目录下的"产品月利润表.xlsx"文件
wb = load_workbook("xls\\产品月利润表.xlsx")
ws = wb[wb.sheetnames[0]]#打开工作簿的第 1 个工作表
```

（2）在"mypython.py"文件中继续输入程序代码，实现功能——用 values 记录 Reference()函数设置图表数据源区域，用 BarChart()函数创建一个柱形图实例，用 series 记录 Reference()函数设置图例数据源区域，用 add_data()函数生成图表，用 set_categories()函数设置图表图例，如图 2-9-4 所示。

```
5  values = Reference(ws, min_col=1, min_row=2, max_col=4, max_row=5)
6  chart = BarChart()
7  series = Reference(ws, min_col=2, min_row=1, max_col=4, max_row=1)
8  chart.add_data(values,titles_from_data=True, from_rows=True)
9  chart.set_categories(series)
```

图 2-9-4　输入程序代码 2

【代码解读】

```
#图表数据源区域
values =Reference(ws,min_col=1,min_row=2,max_col=4,max_row=5)
chart =BarChart() #创建柱形图实例
#设置图例数据源区域
series =Reference(ws,min_col=2,min_row=1,max_col=4,max_row=1)
#生成图表
chart.add_data(values,titles_from_data=True,from_rows=True)
chart.set_categories(series)#设置图表图例
```

（3）在"D:\mypython"文件夹的"imgs"子目录下存放若干张图片，如图 2-9-5 所示。

```
10  chart.title="利润图表"
11  chart.x_axis.title="项目"
12  chart.y_axis.title="数量"
13  chart.type = "col"
14  ws.add_chart(chart, "F1")
15  wb.save('利润图表.xlsx')
```

图 2-9-5　输入程序代码 3

大数据采集与处理技术应用

【代码解读】

```
chart.title="利润图表"              #设置图表标题
chart.x_axis.title="项目"           #设置图表 x 轴的标题
chart.y_axis.title="数量"           #设置图表 y 轴的标题
chart.type = "col"                  #设置图表的方向类型
ws.add_chart(chart, "F1")           #设置图表左上角位置
wb.save('利润图表.xlsx')            #保存工作簿文件
```

任务十　分割工作簿文件

任务要求

（1）现有记录多个公司产品记录的文件"多公司汇总表.xlsx"，如图 2-10-1 所示。

（2）把每个公司的记录存为一张表，文件按公司名称命名。

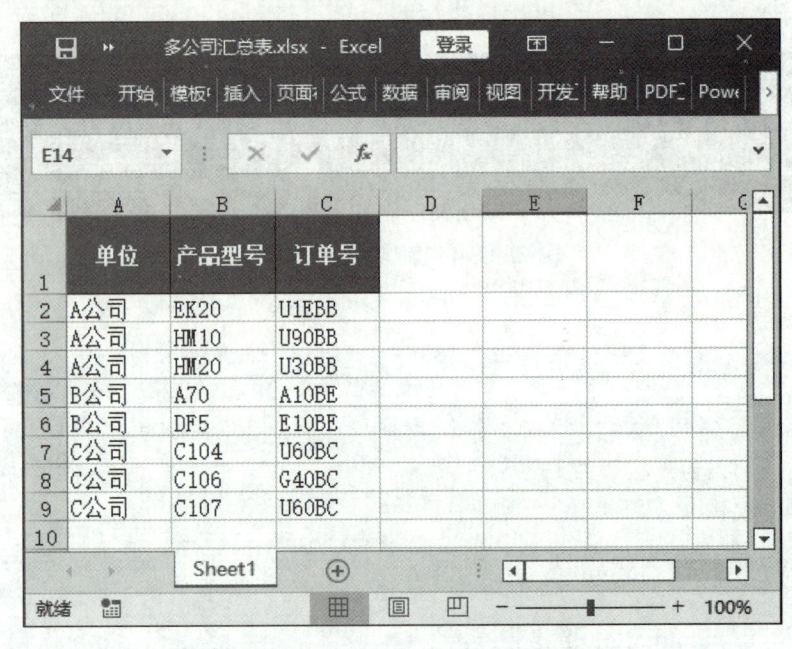

图 2-10-1　"多公司汇总表.xlsx"

【参考代码】

```
import openpyxl
原始总表=openpyxl.load_workbook("xls\\多公司汇总表.xlsx")
vSheet1=原始总表["Sheet1"]
comlist = []
for i in range(2,vSheet1.max_row+1):
    公司名=vSheet1.cell(row=i,column=1).value
```

```
    if  not 公司名 in comlist:
        comlist.append(公司名)
rowhead_list = []
for i in vSheet1[1]:
    rowhead_list.append(i.value) #获取表头
row_lists = []
for row in range(2,vSheet1.max_row+1):
    row_list = []
    for i in vSheet1[row]:
        row_list.append(i.value)
    row_lists.append(row_list) #获取所有记录
for eachcom in comlist:  #遍历公司名数组
    wb = openpyxl.Workbook()#新建一个工作簿
    ws = wb.active
    ws.append(rowhead_list) #写入表头
    for each in row_lists:
        if eachcom in each:#同公司名的写入同一个工作簿
            ws.append(each)
    wb.save('xls\\'+eachcom+'.xlsx')#保存工作簿
```

实现步骤

（1）打开"D：\mypython"文件夹作为项目目录，执行"文件/新建文件"命令，新建"mypython.py"文件，输入程序代码，实现功能——导入 openpyxl 模块，打开"多公司汇总表.xlsx"文件的第 1 个工作表，获取表格中的公司名，用于在后续的操作步骤中以公司名为区分进行数据分割，如图 2-10-2 所示。

```
1  import openpyxl
2  原始总表=openpyxl.load_workbook("xls\\多公司汇总表.xlsx")
3  vSheet1=原始总表["Sheet1"]
4  comlist = []
5  for i in range(2,vSheet1.max_row+1):
6      公司名=vSheet1.cell(row=i,column=1).value
7      if not 公司名 in comlist:
8          comlist.append(公司名)
```

图 2-10-2　输入程序代码 1

【代码解读】

```
import openpyxl   #导入 openpyxl 模块
#打开"多公司汇总表.xlsx"工作簿文件,赋给变量"原始总表"
#原始总表=openpyxl.load_workbook("xls\\多公司汇总表.xlsx")
vSheet1=原始总表["Sheet1"]   #获取"原始总表"Sheet1 的工作表
comlist = []   #定义数组变量
```

```
for i in range(2,vSheet1.max_row+1):   #从第2行开始循环到最大行数
    公司名=vSheet1.cell(row=i,column=1).value
    #获取各行的第1列内容
    if  not 公司名 in comlist:   #判断获取的公司名是否在comlist数组中
        comlist.append(公司名)   #将公司名追加到变量comlist数组中
```

(2)在"mypython.py"文件中继续输入程序代码,实现功能——获取数据的表头标题,获取表中的所有记录,为在后续的操作步骤中以公司名为区分进行数据分割做数据准备,如图2-10-3所示。

```
9   rowhead_list = []
10  for i in vSheet1[1]:
11      rowhead_list.append(i.value) #获取表头
12  row_lists = []
13  for row in range(2,vSheet1.max_row):
14      row_list = []
15      for i in vSheet1[row]:
16          row_list.append(i.value)
17      row_lists.append(row_list)  #获取所有记录
```

图 2-10-3　输入程序代码 2

【代码解读】

```
rowhead_list = []   #定义数组变量rowhead_list
for i in vSheet1[1]:   #遍历工作表的第1行数据
#把工作表的第1行数据追加到数组变量rowhead_list中
    rowhead_list.append(i.value) #获取表头
row_lists = []    #定义数组变量row_lists
for row in range(2,vSheet1.max_row+1):
#从第2行开始循环到最大行数
    row_list = []
    for i in vSheet1[row]:
        row_list.append(i.value)
    row_lists.append(row_list)   #获取所有记录
```

(3)在"mypython.py"文件中继续输入程序代码,如图2-10-4所示。

```
18  for eachcom in comlist:   #遍历公司名数组
19      wb = openpyxl.Workbook()#新建一个工作簿
20      ws = wb.active
21      ws.append(rowhead_list) #写入表头
22      for each in row_lists:
23          if eachcom in each:#同公司名的写入同一个工作簿
24              ws.append(each)
25      wb.save('xls\\'+eachcom+'.xlsx')#保存工作簿
```

图 2-10-4　输入程序代码 3

【代码解读】

```
for eachcom in comlist:
#遍历公司名数组,将每个公司名依次赋给eachcom变量
    wb = openpyxl.Workbook()
    #新建一个工作簿,为每个公司创新一个文件
    ws = wb.active
    ws.append(rowhead_list)    #写入表头,在工作表第一行写入
    for each in row_lists:
        if eachcom in each:
        #同公司名的写入同一个工作簿,先判断是不是同一个公司
            ws.append(each)    #内容按行追加,写入第一个工作表
wb.save('xls\\'+eachcom+'.xlsx')    #保存工作簿,以公司名保存文件
```

（4）运行程序之后，在"xls"目录下会看到分出来的多个公司的工作簿文件，如 A 公司、B 公司、C 公司等，如图 2-10-5 所示。

图 2-10-5 程序运行效果

任务十一 合并工作簿文件

任务要求

（1）"xls"目录下存放着"A 公司 .xlsx""B 公司 .xlsx""C 公司 .xlsx"等工作簿文件，如图 2-11-1 所示。

（2）查看并确保每个工作簿文件的第 1 个工作表有数据且结构相同。

（3）通过编程把多个工作表内容合并在同一个工作表中。

（4）将结果以"新的总表 .xlsx"文件名保存在"xls"目录下，如图 2-11-2 所示。

合并工作簿文件

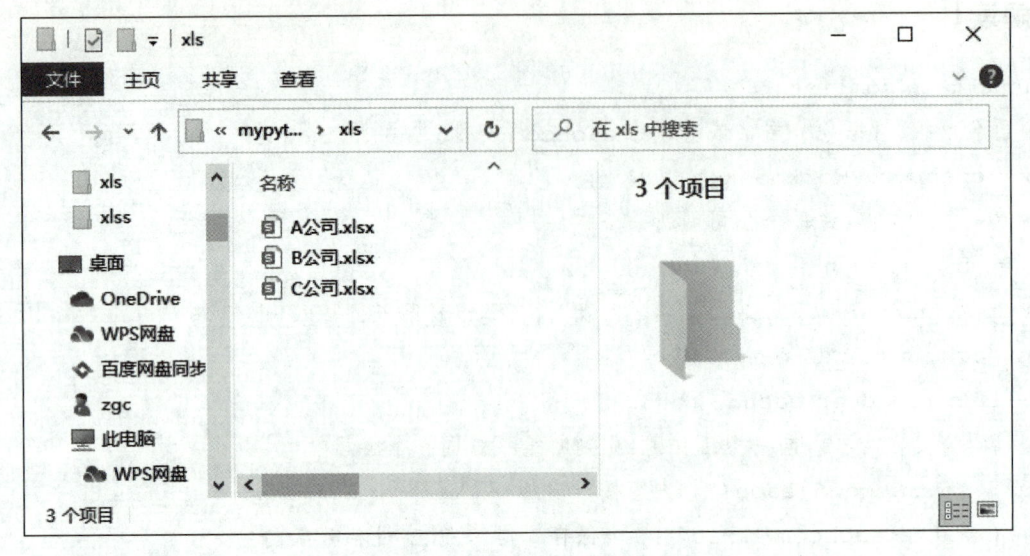

图 2-11-1 "xls"目录下存放的文件

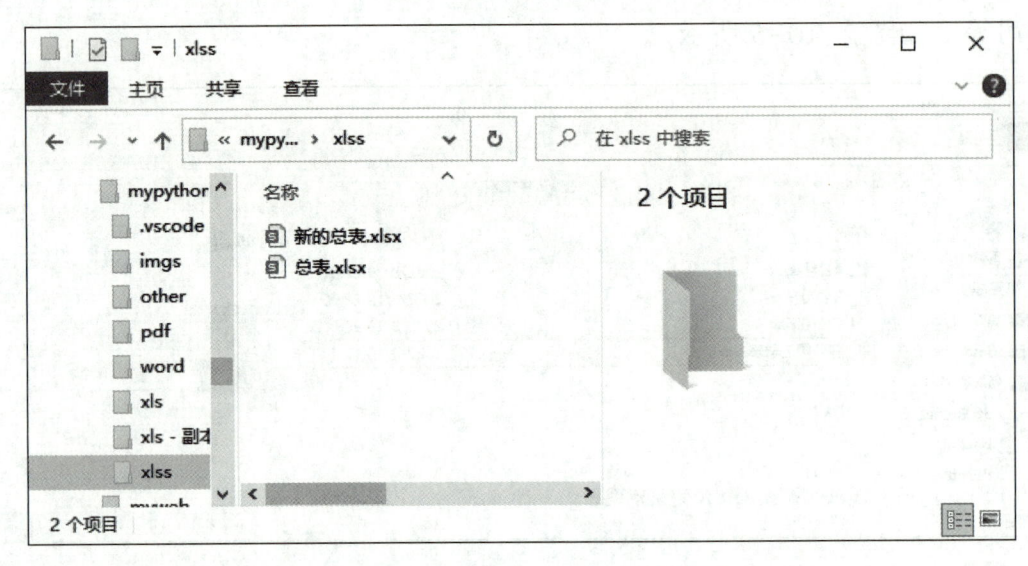

图 2-11-2 合并工作簿文件效果

【参考代码】

```
import openpyxl
import os
#"xls"目录下的所有".xlsx"文件已有相同的表头,只是数据不相同
path = "xls"
file_name_list = os.listdir(path)
row_lists=[]   #准备把所有表的数据存入这个数组
for eachfile in file_name_list:
    filelist=openpyxl.load_workbook("xls\\"+eachfile)
    vSheet1=filelist["Sheet1"]
    for row in range(2,vSheet1.max_row+1):
        row_list = []
        for item in vSheet1[row]:
```

```
            row_list.append(item.value)
        row_lists.append(row_list)  #获取所有记录
#打开的总表".xlsx"已有准备好的表头
file=openpyxl.load_workbook("xlss\\总表.xlsx")
vSheet1=file["Sheet1"]
for each in row_lists:   #把数组记录追加到工作表中
    vSheet1.append(each)
file.save('xlss\\新的总表.xlsx')
```

实现步骤

（1）打开"D：\mypython"文件夹作为项目目录，执行"文件/新建文件"命令，新建"mypython.py"文件，输入程序代码，实现功能——导入 openpyxl 模块，导入 os 模块，获取"xls"子目录中的所有文件，如图 2-11-3 所示。

```
1  import openpyxl
2  import os
3  #xls\\目录下的所有.xlsx已有相同的表头，只是数据不相同
4  path = "xls"
5  file_name_list = os.listdir(path)
6  row_lists=[]  #准备把所有表的数据存入到这个数组中
```

图 2-11-3　输入程序代码 1

（2）在"mypython.py"文件中继续输入程序代码，实现功能——遍历所有文件名，逐个打开工作簿文件，并打开 Shee1 工作表，读取所有的行记录存入 row_lists 数据，如图 2-11-4 所示。

```
7   for eachfile in file_name_list:
8       filelist=openpyxl.load_workbook("xls\\"+eachfile)
9       vSheet1=filelist["Sheet1"]
10      for row in range(2,vSheet1.max_row+1):
11          row_list = []
12          for item in vSheet1[row]:
13              row_list.append(item.value)
14          row_lists.append(row_list)  #获取所有记录
```

图 2-11-4　输入程序代码 2

【代码解读】

```
for eachfile in file_name_list:
#遍历 file_name_list 数据保存的所有文件名
    #打开"xls"目录下的文件
    filelist=openpyxl.load_workbook("xls\\"+eachfile)
    vSheet1=filelist["Sheet1"]   #打开 Sheet1 工作表
    for row in range(2,vSheet1.max_row+1):
        row_list = []
```

```
        for item in vSheet1[row]:
            row_list.append(item.value)
            #将每行记录追加到 row_list 数组中
        #将 row_list 数组内容追加到 row_lists 数组中,获取所有记录
        row_lists.append(row_list)
```

（3）在 mypython.py 文件继续输入程序代码，实现功能：获取数据的表头标题，获取表中的所有记录，为在后续的操作步骤中以公司名为区分进行数据分割作为数据准备，如图 2-11-5 所示。

```
15  #打开的总表.xlsx已有准备好的表头
16  file=openpyxl.load_workbook("xlss\\总表.xlsx")
17  vSheet1=file["Sheet1"]
18  for each in row_lists:    #把数组记录追加到工作表中
19      vSheet1.append(each)
20  file.save('xlss\\新的总表.xlsx')
```

图 2-11-5　输入程序代码 3

【代码解读】

```
#打开"xlss"目录下的"总表.xlsx"文件
file=openpyxl.load_workbook("xlss\\总表.xlsx")
vSheet1=file["Sheet1"]    #打开 Sheet1 工作表
for each in row_lists:    #把数组记录追加到工作表中
    vSheet1.append(each)
file.save('xlss\\新的总表.xlsx')    #保存文件
```

项目小结

本项目介绍了 Python 的 openpyxl 模块库应用案例，讲解了电子表格工作簿创建、打开文件，进行数值运算，合并单元格，更改单元格边框线样式，文本水平居中，文本垂直居中，字体加粗，读取图片，插入图片，删除单元格，插入单元格，生成图表，将一个工作簿文件按内容条件分割成多个文件，将多个文件合并成一个文件等操作技能。

项目评价

班级		项目名称			
姓名		教师			
学期		评分日期			
评分内容(满分100分)		学生自评	学生互评	教师评价	
专业技能 (60分)	任务完成进度(10分)				
	对理论知识的掌握程度(20分)				
	理论知识的应用能力(20分)				
	改进能力(10)				
综合素养 (40分)	按时打卡(10分)				
	信息获取的途径(10分)				
	按时完成学习及任务(10分)				
	团队合作精神(10分)				
总分					
综合得分 (学生自评10%，同学互评10%，教师评价80%)					
学生签名：		教师签名：			

思考与练习

1. 现有文件"销售单.xlsx"，它是一份"合计"列为空的销售单，按公式"合计=数量*单价"计算得到"合计"的值；在数据的最后添加"合计"行，字体为粗体；将结果保存在文件"销售单合计.xlsx"中。

2. 创建新的工作簿，把"imgs"子目录下的所有图片插入工作表，表头依次是"序号""图片""文件名称"；每张图片一行，图片左列是序号数字，图片右列是图片文件名；设置合适的行高和列宽。

3. 现有文件"产品月利润表.xlsx"，数据在工作表Sheet1中的A1：D区域；以A1：D区域的数据创建柱形图，在F1单元格插入图表；设置图表标题"利润图表"；设置y轴方向标题"数量"、x轴方向标题"项目"；显示分类图例名称和项目名称。

项目三 图片处理

【项目导学】

数字技术的发展和"双碳"战略的推进，使无纸化办公成为趋势。随着电子签名、电子签章等技术在政务、金融、公共事业、人力资源、房地产、建筑、教育等行业的深入应用，以电子合同为代表的各类数字化协同办公应用不断推动政务服务利企便民和数字经济的高效发展，已然成为建设数字中国的重要组成部分。大数据资源包括各种数据、图片等内容。

本项目介绍 Python 的 pillow 图像处理模块。从 Windows 系统进入 CMD 命令窗口，运行"pip install pillow"命令，即可安装 pillow 图像处理模块。

pillow 图像处理模块安装完成后，在程序中可以导入 PIL，运用 pillow 图像处理模块的 Image( )、ImageDraw( )、ImageFont( ) 等函数进行图片处理。

在图片处理过程中，获取和保存图片文件需要操作文件与目录，因此本项目还介绍了 os 模块文件操作部分功能的应用。os 模块是 Python 中整理文件和目录较为常用的模块，该模块提供了非常丰富的处理文件和目录的方法。

此外，本项目介绍了 watermarker 模块在添加图片水印中的应用。

【教学目标】

知识目标：

(1) 认识 Python 的 pillow 图像处理模块；
(2) 了解 pillow 图像处理模块的功能与使用方法。

能力目标：

(1) 能根据需要利用 pillow 图像处理模块对图片进行处理；
(2) 能利用 watermarker 模块添加图片水印。

素质目标：

(1) 培养学生爱护大自然、保护环境的意识。
(2) 激发学生学习 Python 知识的兴趣，提高学生使用 Python 进行图片处理的热情。培养学生认真做事，一丝不苟的工匠精神。

任务一　图片批量改名

任务要求

（1）在"imgs"目录下有一批命名混乱的图片文件且扩展名包括".jpg"和".png"，如图3-1-1所示。

（2）通过编程，把图片有规则地命名，例如，命名为"t1""t2""t3"等，扩展名不变。

（3）将结果另存于"imgsnew"目录下，如图3-1-2所示。

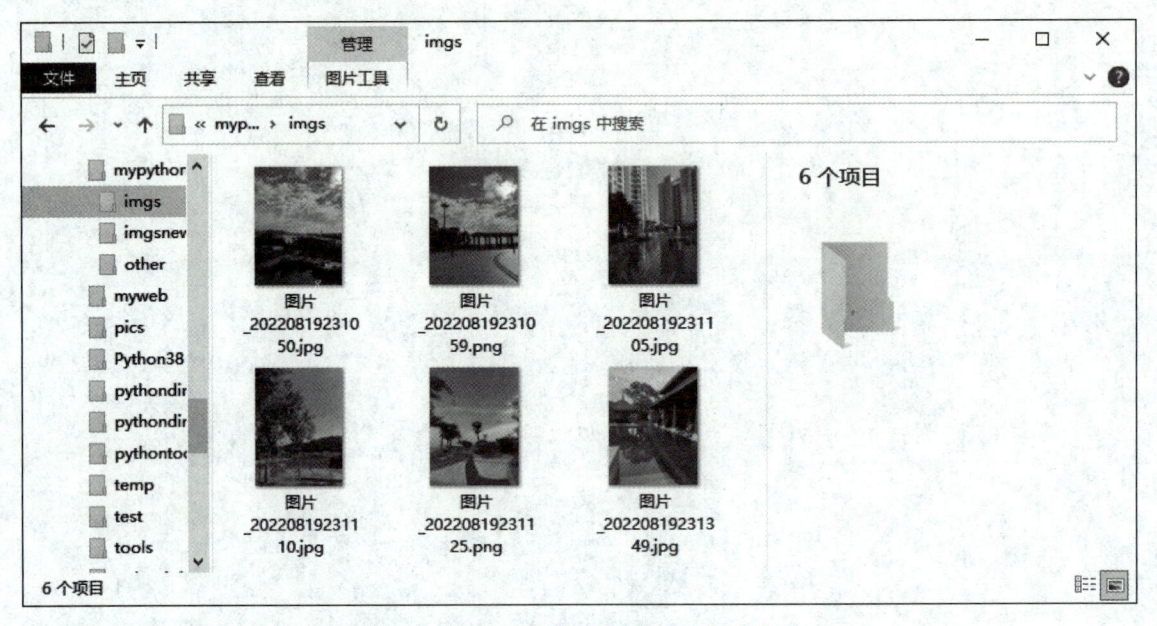

图3-1-1　命名混乱的图片文件

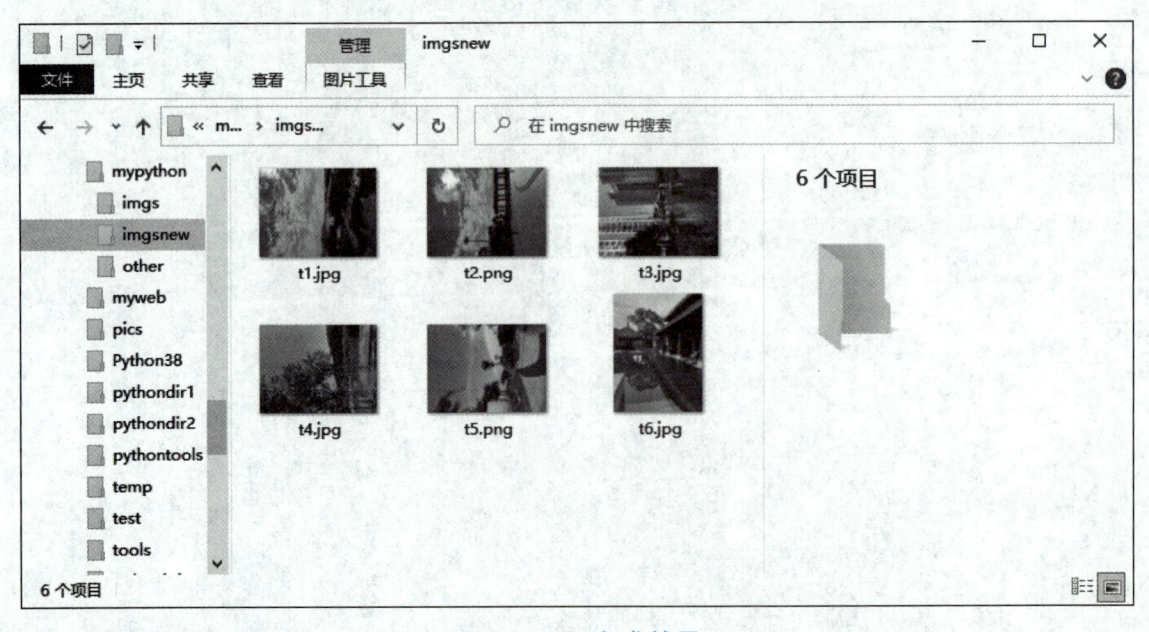

图3-1-2　完成效果

【参考代码】

```
import os
from PIL import Image
路径 = "imgs\\"   #指定相对路径
n=1
#遍历指定相对路径下的所有文件
for filename in os.listdir(路径):
    print(filename) #在前端打印文件名
    #判断文件是否为png和jpg图片,如果不是则跳过当前循环
    if filename.endswith('.png') or filename.endswith('.jpg'):
        #打开图片文件
        im = Image.open(路径+filename)
        #改名并保存图片文件
        if filename.endswith('.png'):
            im.save(os.path.join('imgsnew', 't'+str(n)+'.png'))
        if filename.endswith('.jpg'):
            im.save(os.path.join('imgsnew', 't'+str(n)+'.jpg'))
        n=n+1
```

知识准备

在循环结构中，反复执行的语句块称为循环体。Python 语言中的循环结构包括 for 循环和 while 循环。

一、遍历循环：for

1. 格式

```
for <循环变量> in <遍历结构>:
    <语句块1>
<语句2>
```

FOR 循环

2. 流程

每循环一次，系统从遍历结构中依次取一个元素赋给循环变量，执行一遍语句块 1，直到最后一个元素赋给循环变量，最后一次执行语句块 1 后，流程向下执行语句块 2。循环次数由遍历结构中的元素个数决定。

3. 说明

(1)遍历结构一般是字符串、列表、字典、range( )函数等。range( )函数用于创建一个整数列表，如 range(6)表示 0、1、2、3、4、5 共 6 个数值，range(1, 6)表示 1、2、3、4、5 共 5 个数值，range(1, 10, 2)表示 1、3、5、7、9 共 5 个数值。

(2)for 语句末尾要有英文冒号，循环体语句要缩进。

(3)语句块2是循环后面的语句块,循环结束后执行,与for位于同一列,不缩进。

4. 示例

编程输出 1+2+3+…+100 的结果。

分析:数列相加一般使用累加算法。累加算法可以描述为循环前,累加变量 s=0;循环体内,s=s+t,t 代表累加项,每循环一次,变量 t 要能够依次表示数列的一项。变量 s 和 t 可以更改为其他名称,只要符合 Python 标识符命名规则即可。

源程序如下。

```
s=0
for i in range(1,101):
    s=s+i
print('1+2+3+...+100=',s)
```

运行结果如下。

```
1+2+3+...+100= 5050
```

说明:

(1)range()函数的参数是左闭右开区间,range(1,101)表示从1开始,到100结束,不包括101。如果只有一个参数101,即 range(101),表示从0开始,到100结束。

(2)每循环一次,循环变量 i 依次代表 1~100 的每一个数字,累加到变量 s 中。第一次循环把1累加到 s 中,最后一次循环把100累加到 s 中,循环结束后,变量 s 中保存的就是 1~100 的累加和。

(3)如果把"for i in range(1,101):"改为"for i in range(1,101,2):",题目就变为求 1~100 的奇数和;如果把"for i in range(1,101):"改为"for i in range(0,101,2):",题目就变为求 1~100 的偶数和。

二、条件循环:while

1. 格式

```
while <条件表达式>:
<语句块 1>
<语句块 2>
```

2. 流程

每循环一次,系统判断条件表达式的值是否为真(True),条件为真时反复执行语句块1,每次执行语句块1后流程都返回测试循环条件,当条件表达式的值为假(False)时,流程跳过循环体语句块1,直接向下执行语句块2。

WHILE 循环

3. 说明

(1)while 后面的条件表达式称为循环条件,一般是关系表达式或逻辑表达式,也可以是任意类型的表达式，系统判断循环条件的真假时以非 0 代表真，以 0 代表假。

（2）while 语句末尾要有英文冒号，循环体语句要缩进。

（3）语句块 2 是循环后面的语句，循环结束后执行，与 while 位于同一列，不缩进。

4. 示例

使用 while 语句编程输出 1+2+3+…+100 的结果。

源程序如下。

```
s=0
i=1
while i<=100:
    s=s+i
    i=i+1
print('1+2+3+...+100=',s)
```

运行结果如下。

```
1+2+3+…+100= 5050
```

说明：出现在循环条件中的变量称为循环变量。循环开始前，要为循环变量赋初值。在循环体内，要有循环变量增值语句，以使循环条件趋于假，最后变成假，从而结束循环继续向下执行。若此例中漏掉 i=i+1，则程序运行时陷入死循环，循环条件总为真，要注意避免这种情况。遇到死循环时，可以按"Ctrl+C"组合键退出程序，然后在程序编辑窗口中继续修改完善程序。

实现步骤

（1）打开"D:\mypython"文件夹作为项目目录，执行"文件/新建文件"命令，新建"pyimage.py"文件，输入程序代码，实现功能——导入 os 模块，从 PIL 模块导入 Image( ) 函数，定义待处理图片的路径，如图 3-1-3 所示。

```
1  import os
2  from PIL import Image
3  路径 = "imgs\\"    #指定相对路径
4  n=1
```

图 3-1-3　输入程序代码 1

【代码解读】

```
import os    #导入 os 模块,os 模块常用于整理文件和目录
from PIL import Image
#Image( ) 函数用于基本图像处理,可进行文件的新建、打开、保存等
路径 = "imgs\\"    #指定相对路径,须在路径后用 \\ 双斜杠作为分隔符
n=1    #定义变量 n,也可以是其他数字,用于将图片重新有规则地命名
```

（2）在"pyimage.py"文件中继续输入程序代码，实现功能——遍历判断指定路径下的所有文件，把".jpg"和".png"文件有规则地命名后，另存于指定的目录下，如图3-1-4所示。

```
5   # 遍历指定相对路径下所有文件
6   for filename in os.listdir(路径):
7       print(filename) #在前端打印文件名
8       #判断文件是否为png和jpg图片,如果不是则跳过当前循环
9       if filename.endswith('.png') or filename.endswith('.jpg'):
10          #打开图片文件
11          im = Image.open(路径+filename)
12          #改名保存图片文件
13          if filename.endswith('.png'):
14              im.save(os.path.join('imgsnew', 't'+str(n)+'.png'))
15          if filename.endswith('.jpg'):
16              im.save(os.path.join('imgsnew', 't'+str(n)+'.jpg'))
17          n=n+1
```

图3-1-4　输入程序代码2

【代码解读】

```
#filename 为"路径"所指向的目录下的所有文件
for filename in os.listdir(路径):
    #在前端打印文件名,以便在执行时更好地查看程序执行时处理过哪引起文件
    print(filename)
    #判断文件是否为png和jpg图片,符合条件时处理,如果不是则跳过当前循环
    if filename.endswith('.png') or filename.endswith('.jpg'):
        #打开图片文件
im = Image.open(路径+filename)
        #判断文件的扩展名是不是".png"
        if filename.endswith('.png'):
        #把文件保存在"imgsnew"目录下,扩展名为".png"
        #将变量n用str(n)转换为字符串
            im.save(os.path.join('imgsnew', 't'+str(n)+'.png'))
        #判断文件的扩展名是不是".jpg"
        if filename.endswith('.jpg'):
        #把文件保存在"imgsnew"目录下,扩展名为".jpg"
        #将变量n用str(n)转换为字符串
            im.save(os.path.join('imgsnew', 't'+str(n)+'.jpg'))
        n=n+1    #变量n增加1
```

（3）运行程序之后，在"imgsnew"目录下可以看到处理过的图片，如图3-1-2所示。

任务二　图片批量分类保存

任务要求

(1)在"imgs"目录下，有一批图片文件，格式不限，扩展名有多种，如图 3-2-1 所示。
(2)通过编程把图片按扩展名分类保存。
(3)对每种扩展名创建一个以扩展名命名的文件夹，把同类扩展名的图片文件存入其中。

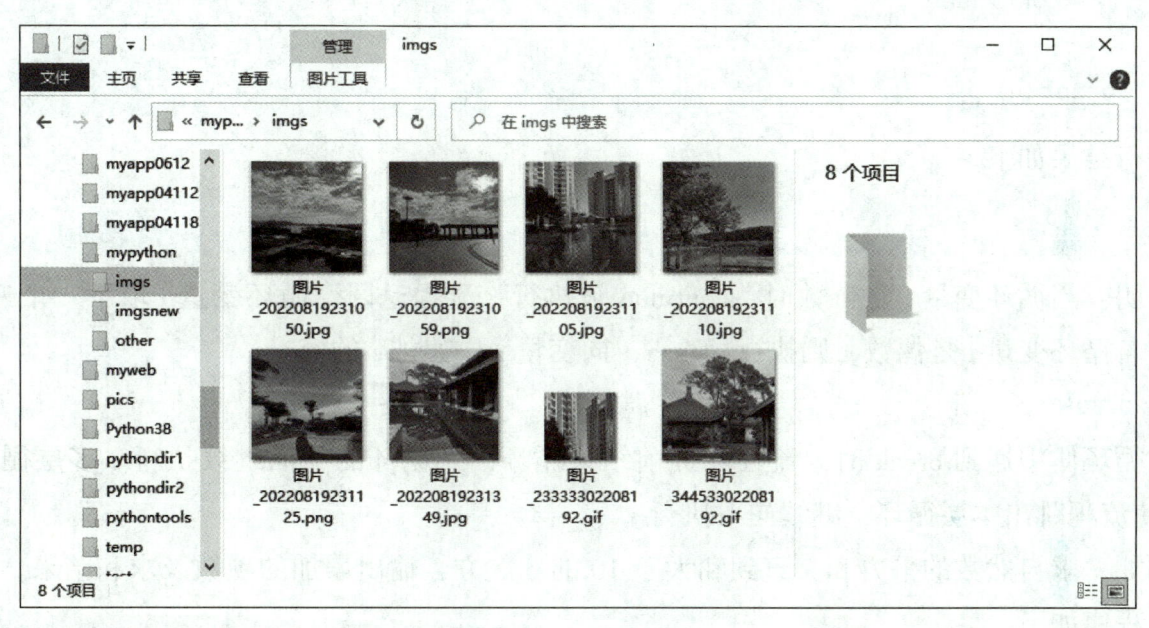

图 3-2-1　图片文件

【参考代码】

```
import os
from PIL import Image
路径 = "imgs \\"   #指定相对路径
for filename in os.listdir(路径):
    vdir = filename.split(".")[1]
     if not os.path.exists(vdir):
         os.mkdir(vdir)
    im = Image.open(路径+filename)
    im.save(os.path.join(vdir, filename))
```

知识准备

循环结构有两个相关的循环控制关键字：continue 和 break。它们用于循环体中，一般与 if 语句联用。

1. continue

在循环体中遇到 continue 时，流程会结束本次循环，返回进行下一次循环。对于 for 结构，在循环体中遇到 continue 后，流程返回，循环变量取下一个遍历元素的值；对于 while 结构，在循环体中遇到 continue 后，流程返回，判断循环条件的真假。

例如，使用 continue 实现输出 100（含 100）内的偶数和。

源程序如下。

```
s=0
for i in range(1,101):
    if i%2!=0:
        continue
    s=s+i
    print(s)
```

运行结果如下。

```
2550
```

说明：当循环变量 i 是奇数时，continue 被执行，流程返回，循环变量 i 取下一个遍历元素值。若循环变量 i 是偶数，则执行 s=s+i，向变量 s 中累加 i 的值。

2. break

在循环体中遇到 break 时，流程会提前结束循环，到循环的下面继续执行。多层循环时，break 使流程跳出本层循环，继续向下执行。

例如，求自然数的平方和，直到和大于 10 的 6 次方，输出累加的项数及求和结果。

源程序如下。

```
s=0                #累加变量s初值为0
csh=0              #计数器csh初值为0
i=1                #i表示自然数序列
while True:
    s+=i*i         #累加自然数平方和
    csh=csh+1      #计数
    if s>1e6:
        break      #累加和超过10的6次方就退出循环
    i=i+1
print("累加次数:{}次,累加和为:{}".format(csh,s))
```

运行结果如下。

```
累加次数:144次,累加和为:1005720
```

说明："while True:"代表永真循环，循环体中必须用 break 结束循环，当满足条件时执行 break，跳出循环，再运行 print() 函数输出结果。

实现步骤

（1）"打开 D：\mypython"文件夹作为项目目录，执行"文件/新建文件"命令，新建"pyimage.py"文件，输入程序代码，实现功能——导入 os 模块，从 PIL 模块导入 Image（ ）函数，定义待处理图片的路径 imgs 保存在变量"路径"中，如图 3-2-2 所示。

```
1  import os
2  from PIL import Image
3  路径 = "imgs\\"   #指定相对路径
```

图 3-2-2 输入程序代码 1

（2）在"pyimage.py"文件中继续输入程序代码，实现功能——遍历判断指定路径下的所有文件，用文件名的扩展名创建目录，并把同类扩展名的文件保存在该目录下，达到分类存放的效果，如图 3-2-3 所示。

```
4  for filename in os.listdir(路径):
5      vdir = filename.split(".")[1]
6      if not os.path.exists(vdir):
7          os.mkdir(vdir)
8      im = Image.open(路径+filename)
9      im.save(os.path.join(vdir, filename))
```

图 3-2-3 输入程序代码 2

【代码解读】

```
for filename in os.listdir(路径):              #循环遍历目录下的所有文件
    vdir = filename.split(".")[1]              #从文件名中获取扩展名保存在变量vdir中
    if not os.path.exists(vdir):               #检查以扩展名命令的目录是否存在
        os.mkdir(vdir)                         #创建新目录
    im = Image.open(路径+filename)              #打开图片文件
    im.save(os.path.join(vdir, filename))      #保存文件到对应的目录下
```

任务三 图片批量剪切

任务要求

（1）在"imgs"目录下有一批图片，如图 3-3-1 的所示。
（2）把图片的裁剪为 300×400，单位为像素。
（3）裁剪完成后，将图片保存在"imgss"目录下。

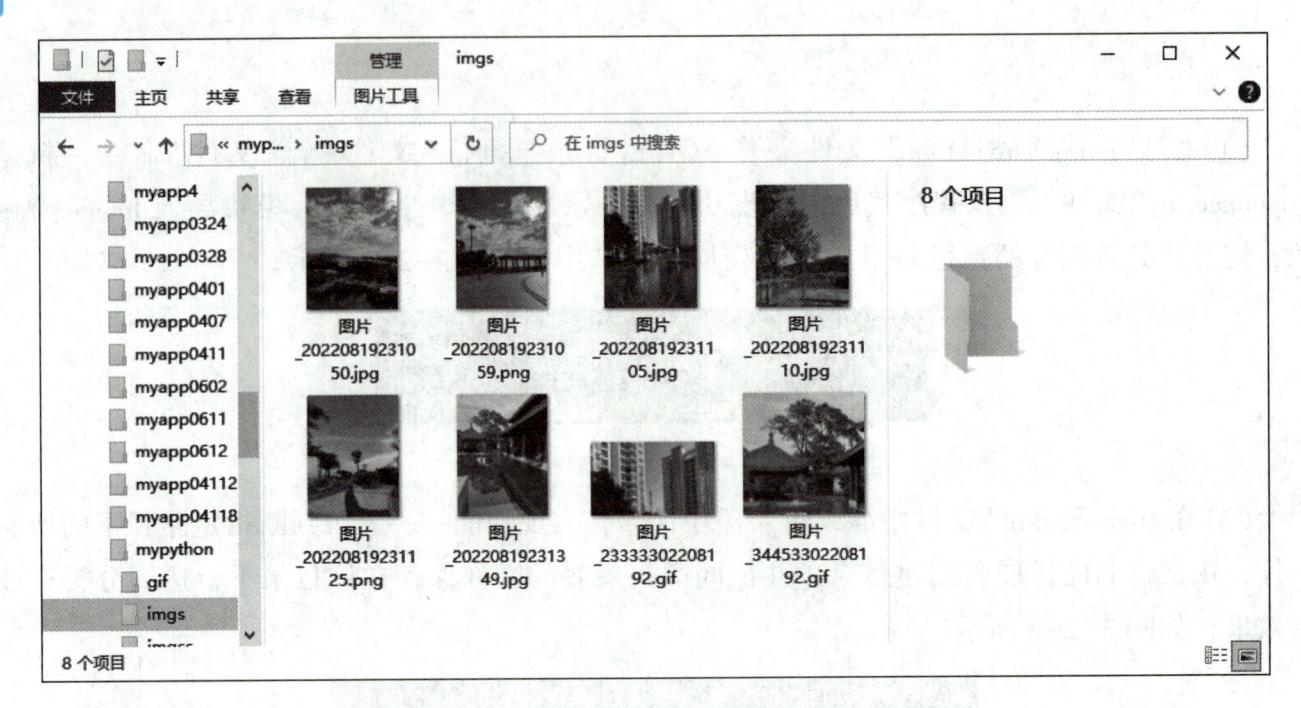

图 3-3-1　图片素材

【参考代码】

```
import os
from PIL import Image
路径 = "imgs \\"                                        #指定相对路径
n=1
for filename in os.listdir(路径):
    vimage=Image.open(路径+filename)                    #加载图片
    print(vimage)                                       #输出图片信息
    newimage=vimage.crop((0,0,300,400))                 #裁剪图片
    newimage.save("imgss\\"+filename)                   #保存图片
    n=n+1
print("共剪了"+str(n)+"张图片")                          #打印提示信息
```

知识准备

一、输入语句

在 Python 中进行数据输入一般使用内置函数 input( ) 和 eval( )。

1. input( ) 函数

input( ) 函数从控制台获得用户的一行输入，默认接收的是字符串类型数据。input( ) 函数可以没有参数，也可以包含一个提示信息字符串参数，用来提示用户输入的数据。

1) 格式

```
<变量>=input([提示信息字符串])
```

2)示例

```
>>> s1=input()
abc
>>> s1
'abc'
```

使用变量名可以输出变量值,可以看到,input()函数默认输出的是字符串类型数据。

```
>>> s1=input('请输入一个字符串:')
请输入一个字符串:国庆快乐
>>> s1
'国庆快乐'
```

说明:提示信息字符串作为参数可以使程序友好,让用户明确要输入的数据。

2. eval()函数

eval()函数可以去掉字符串最外侧的引号,并执行字符串的内容。

1)格式

```
<变量>=eval(字符串)
```

2)示例

```
>>> n=eval(input('请输入一个整数:'))
请输入一个整数:5
>>> n
5
```

使用eval()函数可以得到输入的数值型数据。如果此例不使用eval()函数,则得到的是字符串数据'5'。

```
>>> n=input('请输入一个整数:')
请输入一个整数:5
>>> n
'5'
```

二、输出语句

在Python中进行数据输出一般使用内置函数print()。根据输出内容的不同,print()函数一般有两种格式,一种用于输出多个数据项,另一种主要用于混合输出字符串和数值数据。

1. 格式一

```
print([输出项1,输出项2,…][,sep=''][,end='\n'])
```

1)说明

(1)输出项可以是字符串、变量、表达式、函数调用等,多项之间英文逗号分隔。

(2)输出多项时，sep 用于指定输出的各数据项之间的分隔符，默认是空格。

(3)end 用于指定输出项最后的结尾符号，默认是回车换行符，即输出后光标跳转到下一行的行首位置，如果指定 end 参数为空格等其他符号，则输出后光标不换行。

(4)没有任何参数选项的 print( ) 函数的功能是使光标换行。

2)示例

```
>>> x=7
>>> print(x)
7
>>> print('x=',x)                              #输出2项,一项是字符串,一项是数值变量
x= 7
>>>a,b,c=1,2,3
>>> print(a,b,c)
1 2 3
>>> print(a,b,c,sep='##')                      #输出3项,用##分隔
1##2##3
>>> print(a);print(b);print(c)                 #每次执行print()函数后光标换行
1
2
3
>>> print(a,end='');print(b,end='');print(c,end='')   #end参数使光标不换行
1 2 3
```

2. 格式二

```
print(<输出字符串模板>.format(表达式1,表达式2,…) [,end='\n'])
```

1)说明

(1)输出字符串模板中用"{ }"表示一个槽位置，每个槽位置对应 str.format( ) 中的一个表达式，print( ) 函数运行时会在槽位置输出变量的值。槽位置中可以用数字 0，1，2，…，依次代表 str.format( ) 中的表达式，如果槽位置中不写数字，则自左向右依次匹配各表达式。

(2)str.format( ) 中的表达式通常是变量名。

(3)end 用于指定输出项最后的结尾符号，默认是回车换行符。

2)示例

```
>>> x=7
>>> print('x={}'.format(x))    #字符串内容原样输出,在"{ }"位置输出 x 值。
x=7
>>>i=3
>>> j=7
>>> print('{}* {}={}'.format(i,j,i* j))
3* 7=21
```

```
>>> print('{}* {}={}'.format(i,j,i* j),end='')
#输出后光标不换行
3* 7=21
>>> print('{1}* {0}={2}'.format(i,j,i* j))
7* 3=21
>>> print('圆面积是:{}'.format(3.14* 2* 2))
圆面积是:12.56
>>> print('圆面积是:{:.1f}'.format(3.14* 2* 2))
#输出结果保留一位小数
圆面积是:12.6
```

实现步骤

(1) 打开"D:\mypython"文件夹作为项目目录，执行"文件/新建文件"命令，新建"pyimage.py"文件，输入程序代码，实现功能——导入 os 模块，从 PIL 模块导入 Image() 函数，定义待处理图片的路径 imgs 保存在变量"路径"中，定义变量 n 初始化值为 1，如图 3-3-2 所示。

```
1  import os
2  from PIL import Image
3  路径 = "imgs\\"    #指定相对路径
4  n=1
```

图 3-3-2　输入程序代码 1

(2) 在"pyimage.py"文件中继续输入程序代码，实现功能——遍历判断指定路径下的所有文件，逐个加载文件，裁剪图片后保存文件，如图 3-3-3 所示。

```
5   for filename in os.listdir(路径):
6       vimage=Image.open(路径+filename)       #加载图片
7       print(vimage)#打印图片信息
8       newimage=vimage.crop((0,0,300,400))    #裁剪图片
9       newimage.save("imgss\\"+filename)      #保存图片
10      n=n+1
11  print("共剪了"+str(n)+"张图片")#打印提示信息
```

图 3-3-3　输入程序代码 2

【代码解读】

```
for filename in os.listdir(路径):
    vimage=Image.open(路径+filename)            #加载图片
    print(vimage)                               #打印图片信息
#crop((0,0,300,400))表示裁剪的图片从左上角(0,0)坐标开始,宽为300
#高为400,默认的单位是像素(pixel)
    newimage=vimage.crop((0,0,300,400))         #裁剪图片
    newimage.save("imgss\\"+filename)
        #保存图片,保存的目录"imgss"必须提前创建
```

```
    n=n+1                          #记录裁剪图片的张数
print("共剪了"+str(n)+"张图片")     #打印提示信息
```

（3）运行程序代码后，终端会输出各张图片原来的信息，并显示总共裁剪的图片张数，如图 3-3-4 所示。

图 3-3-4　运行程序代码

（4）运行程序代码后，查看"imgss"目录，可以看到裁剪后输出的图片，如图 3-2-5 所示。

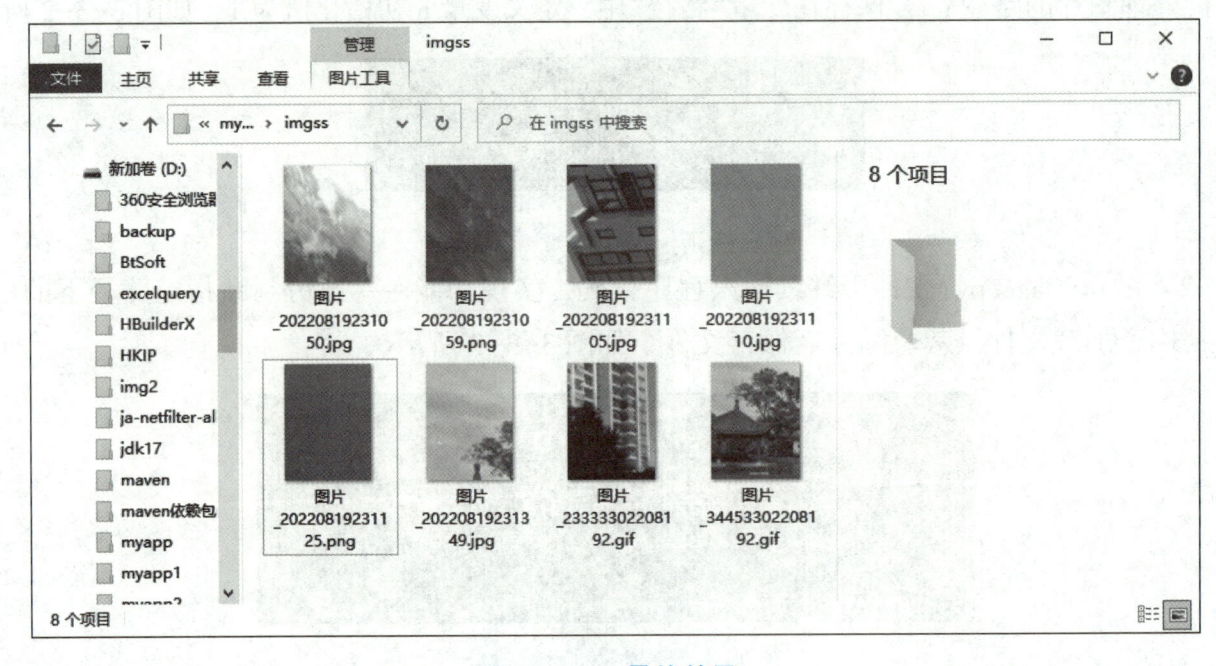

图 3-3-5　最终效果

任务四　图片加公司标志

任务要求

（1）在"imgs"目录下有一批图片，如图 3-4-1 所示。

（2）把"LOGO.png"图片添加到每张图片的右下角，如图 3-4-2 所示。

（3）将处理完成的图片文件保存在"imgss"目录下。

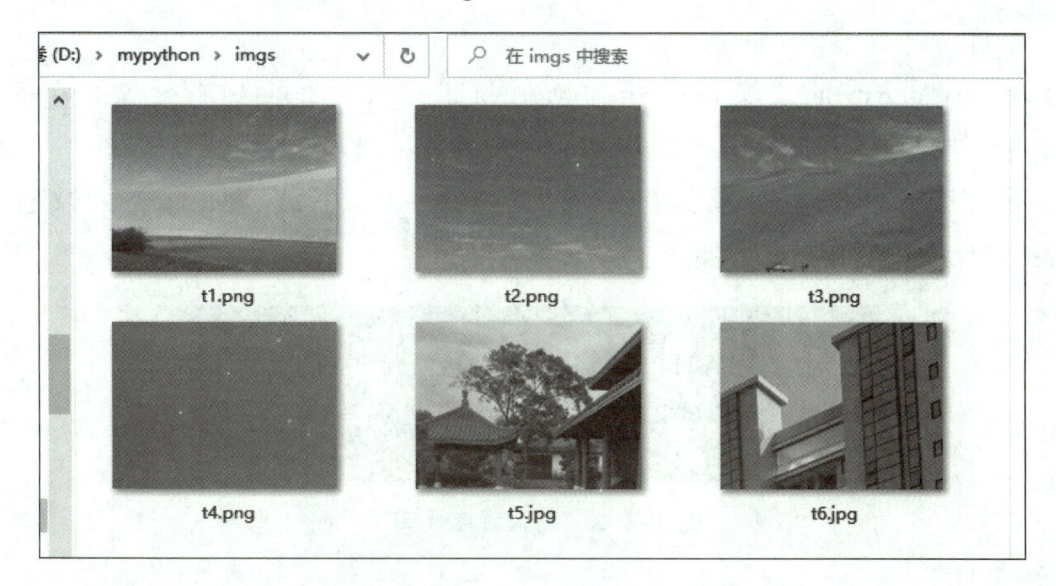

图 3-4-1 "imgs"目录下的图片

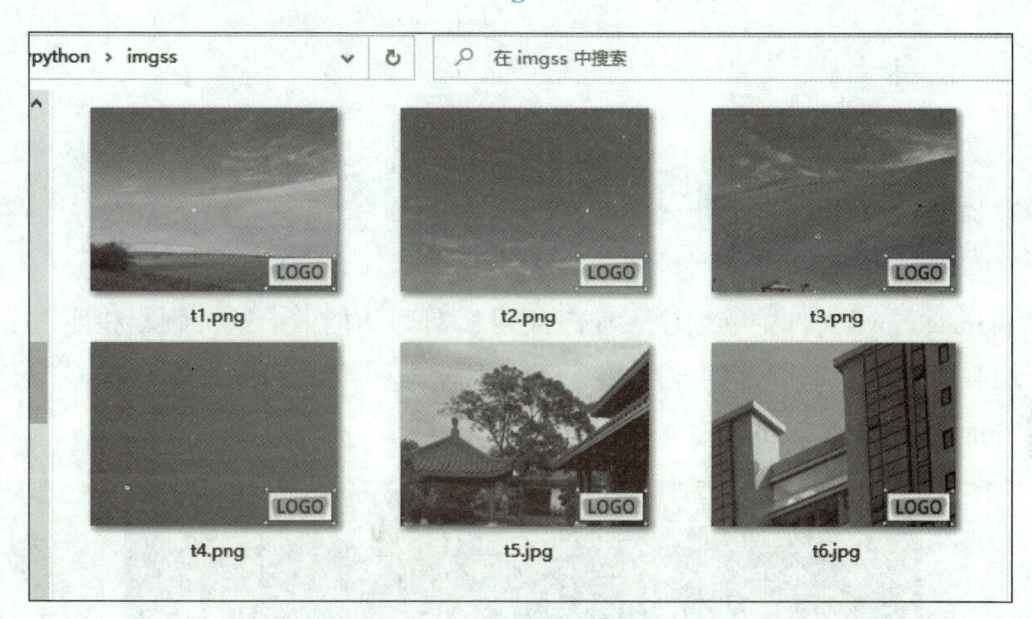

图 3-4-2 处理完成的图片文件

【参考代码】

```
import os
from PIL import Image
路径 = "imgs \\"                                        #指定相对路径
logo=Image.open("LOGO.png")                             #加载标志图片
wlogo,hlogo=logo.size
for filename in os.listdir(路径):
    vimage=Image.open(路径+filename)                    #加载图片
    w,h=vimage.size
    vimage.paste(logo,(w-wlogo,h-hlogo),logo)
    vimage.save("imgss \\"+filename)                    #保存图片
```

实现步骤

(1) 打开"D:\mypython"文件夹作为项目目录，执行"文件/新建文件"命令，新建"pyimage.py"文件，输入程序代码，实现功能——导入 os 模块，从 PIL 模块导入 Image() 函数，定义待处理图片的路径 imgs 保存在变量"路径"中，加载"LOGO.png"文件，并获取"LOGO.png"图片的宽度和高度，如图 3-4-3 所示。

```
1  import os
2  from PIL import Image
3  路径 = "imgs\\"              #指定相对路径
4  logo=Image.open("LOGO.png")  #加载logo图片
5  wlogo,hlogo=logo.size
```

图 3-4-3　输入程序代码 1

【代码解读】

```
import os                        #导入 os 模块,用于处理图径和文件
from PIL import Image
路径 = "imgs\\"                   #指定相对路径
logo=Image.open("LOGO.png")       #加载标志图片
wlogo,hlogo=logo.size
#将标志图片的宽度赋给 wlogo 变量,高度赋给 hlogo 变量
```

(2) 在"pyimage.py"文件中继续输入程序代码，实现功能——遍历判断指定路径下的所有文件，逐个加载文件，获取图片的宽度和高度，把标志图像贴到各张图片的右下角，最后把文件保存到"imgss"目录下，如图 3-4-4 所示。

```
6  for filename in os.listdir(路径):
7      vimage=Image.open(路径+filename)       #加载图片
8      w,h=vimage.size
9      vimage.paste(logo,(w-wlogo,h-hlogo),logo)
10     vimage.save("imgss\\"+filename)         #保存图片
```

图 3-4-4　输入代码程序 2

【代码解读】

```
for filename in os.listdir(路径):
    vimage=Image.open(路径+filename)           #加载图片
    w,h=vimage.size                            #将图片的宽度赋给 w 变量,高度赋给 h 变量
    #标志在图片中的位置由水平和垂直两个方向的坐标决定
    #水平从标值为 w-wlogo,垂直从标值为 h-hlogo
    #更改这两个值可改变标志在图片中的位置
    vimage.paste(logo,(w-wlogo,h-hlogo),logo)
    vimage.save("imgss\\"+filename)            #保存图片
```

(3)执行"运行/启动调试"命令，运行程序，能在"imgss"目录下看到输出的图片文件，如图 3-4-2 所示。

任务五　图片加文字

任务要求

(1)在"imgs"目录下有一批图片。
(2)在所有图片的右上角添加"文字标题"，如图 3-5-1 所示。
(3)将处理完成的图片文件保存在"imgss"目录下。

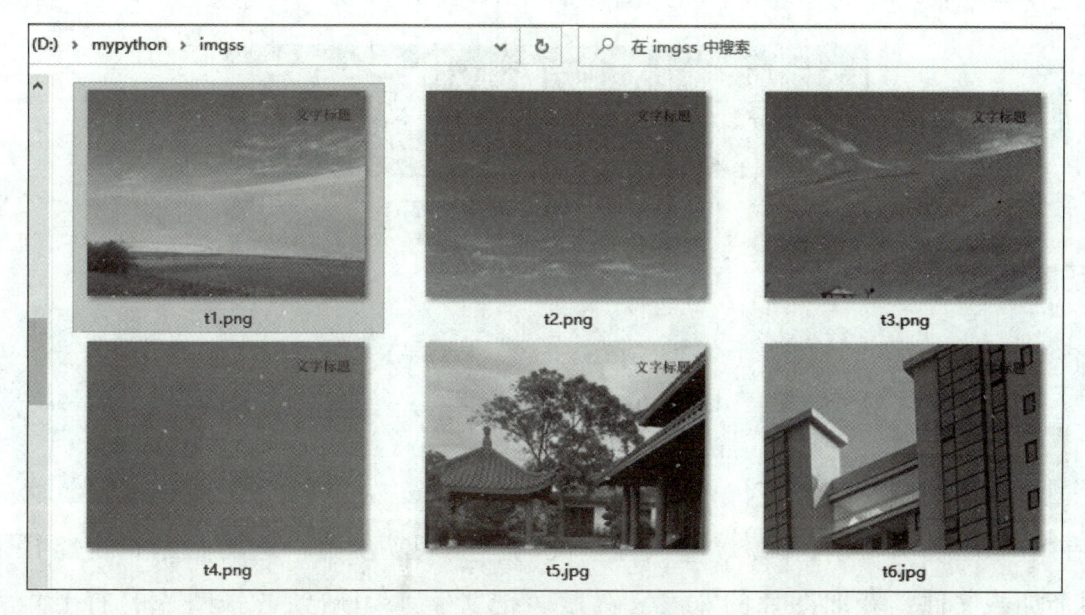

图 3-5-1　添加"文字标题"

【参考代码】

```
import os
from PIL import Image,ImageDraw, ImageFont
路径 = "imgs \\"                          #指定相对路径
text = '文字标题'                          #设置文本
for filename in os.listdir(路径):
    img = Image.open(路径+filename)        #加载图片
    w,h = img.size
    draw = ImageDraw.Draw(img)
    #设置字体和字号
    font = ImageFont.truetype('simsun.ttc', 40)
    #设置字体颜色
```

```
color = '#000000'
print(img.size)
#添加文字水印
draw.text((w - 200, 50), text, font=font, fill=color)
#保存到新文件夹中
img.save("imgss\\"+filename)          #保存图片
```

实现步骤

（1）打开"D：\mypython"文件夹作为项目目录，执行"文件/新建文件"命令，新建"pyimage.py"文件，输入程序代码，实现功能——导入 os 模块，从 PIL 模块导入 Image（）、ImageDraw（）、ImageFont（）等函数，定义待处理图片的路径 imgs 保存在变量"路径"中，定义变量 text 记录一个文本字符串（用于加到图片上），如图 3-5-2 所示。

```
1  import os
2  from PIL import Image, ImageDraw, ImageFont
3  路径 = "imgs\\"    #指定相对路径
4  text = '文字标题'   #设置文本
```

图 3-5-2　输入程序代码 1

【代码解读】

```
import os
from PIL import Image,ImageDraw, ImageFont
路径 = "imgs\\"   #指定相对路径
text = '文字标题'  #设置文本
```

（2）在"pyimage.py"文件中继续输入程序代码，实现功能——遍历判断指定路径下的所有文件，逐个加载文件，获取图片的宽度和高度，把文字水印贴到各张图片的右上角，最后把文件保存到"imgss"目录下，如图 3-5-3 所示。

```
5   for filename in os.listdir(路径):
6       img=Image.open(路径+filename)        #加载图片
7       w,h=img.size
8       draw = ImageDraw.Draw(img)
9       #设置字体和字号
10      font = ImageFont.truetype('simsun.ttc', 40)
11      #设置字体颜色
12      color = '#000000'
13      print(img.size)
14      #添加文字水印
15      draw.text((w - 200, 50), text, font=font, fill=color)
16      #保存到新文件夹中
17      img.save("imgss\\"+filename)         #保存图片
```

图 3-5-3　输入程序代码 2

【代码解读】

```
for filename in os.listdir(路径):                #循环遍历"路径"下的所有图片
    img = Image.open(路径+filename)              #加载图片
    w, h = img.size                              #获取图片的宽度和高度
    draw = ImageDraw.Draw(img)                   #把图片对象 img 转换为 ImageDraw
    #设置字体和字号
    font = ImageFont.truetype('simsun.ttc', 40)
    #设置文字颜色
    color = '#000000'
    print(img.size)                              #在终端打印 img 的宽度和高度
    #添加文字水印,内容由 text 变量提供,位置由(w-200,50)元组设置
    #字体由 font 设置,文字颜色由 color 确定
    draw.text((w-200, 50), text, font=font, fill=color)
    #保存到新文件夹中
    img.save("imgss\\"+filename)                 #将图片保存到"imgss"目录下
```

任务六 图片批量缩放

任务要求

（1）在"imgs"目录下有一批图片。

（2）调整图片的宽度和高度，如图 3-6-1 所示。

图 3-6-1 缩放图片

图片批量缩放

(3)将处理完成的图片文件保存在"imgss"目录下。

【参考代码】

```
import os
from PIL import Image
路径 = "imgs\\"                                    #指定相对路径
for filename in os.listdir(路径):
    img=Image.open(路径+filename)                  #加载图片
    image=img.resize((200,200))                    #调整图片的宽度和高度
    img.save("imgss\\"+filename)                   #保存图片
```

实现步骤

(1)打开"D:\mypython"文件夹作为项目目录,执行"文件/新建文件",新建"pyimage.py"文件,输入程序代码,实现功能——导入 os 模块,从 PIL 模块导入 Image( )函数,如图 3-6-2 所示。

```
1  import os
2  from PIL import Image
3  路径 = "imgs\\"    #指定相对路径
```

图 3-6-2　输入程序代码 1

(2)在"pyimage.py"文件中继续输入程序代码,实现功能——遍历判断指定路径下的所有文件,逐个加载文件,重新调整图片的宽度和高度,最后把文件保存到"imgss"目录下,如图 3-6-3 所示。

```
4  for filename in os.listdir(路径):
5      img=Image.open(路径+filename)    #加载图片
6      image=img.resize((400,400))      #重新调整图片的宽度和高度
7      img.save("imgss\\"+filename)     #保存图片
```

图 3-6-3　输入程序代码 2

【代码解读】

```
for filename in os.listdir(路径):
    img=Image.open(路径+filename)                  #加载图片
    image=img.resize((200,200))
    #重新调整图片的宽度为200,高度为200
    img.save("imgss\\"+filename)                   #将图片保存在"imgss"子目录下
```

(3)执行"运行/启动调试"命令,运行程序,能在"imgss"目录下可看到输出的图片文件,如图 3-6-4 所示。

项目三 图片处理

图 3-6-4 程序运行效果

任务七 图片批量添加透明水印

任务要求

（1）在"imgs"目录下有一批图片。

（2）在所有图片上添加透明度水印"水印文字"，如图 3-7-1 所示。

（3）将处理完成的图片文件保存在"imgss"目录下。

图片批量添加透明水印

【参考代码】

```
from watermarker.marker import add_mark
import os
路径 = "imgs\\"    #指定相对路径
for filename in os.listdir(路径):
    add_mark(file = 路径+filename,
        out = "imgss",
        mark = "水印文字",
        opacity=0.4,
        angle=45,
        space=30)
```

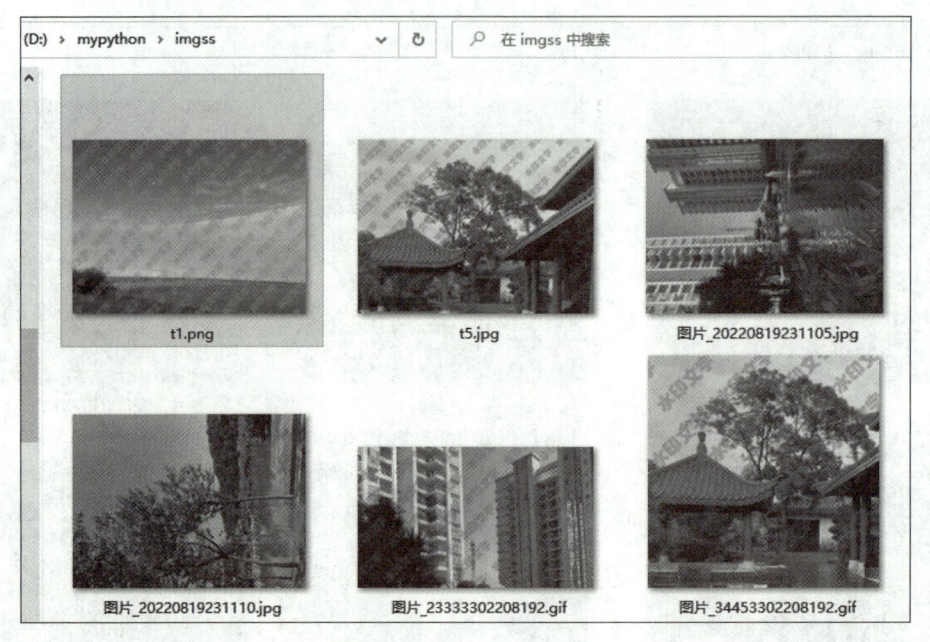

图 3-7-1 添加水印

实现步骤

数据安全是数字经济健康发展的基础。正如党的二十大报告中指出的，数字经济时代要"加强个人信息保护"。由于大数据正在成为信息时代的核心战略资源，大数据技术与应用背后的数据安全风险亟需解决，数据泄露、数据窃听、数据滥用等安全事件需防患于未然。为了保护图片数据的安全，可以为其添加水印，以保护信息安全，防止盗用。具体操作步骤如下：

（1）打开"D:\mypython"文件夹作为项目目录，执行"文件/新建文件"命令，新建"pyimage.py"文件，输入程序代码，实现功能——从watermarker.marker模块导入add_mark()函数，导入os模块，如图3-7-2所示。

【代码解读】

```
#watermarker.marker必须在cmd命令下安装才可以引用,安装时,为防止版本冲突,安装命令不用pip install watermarker,可用pip install filestools
from watermarker.marker import add_mark
import os
路径 = "imgs\\"   #指定相对路径
```

（2）在"pyimage.py"文件中继续输入程序代码，实现功能——遍历判断指定路径下的所有文件，逐个为文件添加水印，最后把文件保存到"imgss"目录下，如图3-7-3所示。

```
1  from watermarker.marker import add_mark
2  import os
3  路径 = "imgs\\"    #指定相对路径
```

图 3-7-2 输入程序代码 1

```
4  for filename in os.listdir(路径):
5      add_mark(file = 路径+filename,
6              out = "imgss",
7              mark = "水印文字",
8              opacity=0.4,
9              angle=45,
10             space=30)
```

图 3-7-3 输入程序代码 2

【代码解读】

```
for filename in os.listdir(路径):
    add_mark(file = 路径+filename,      #调用 add_mark()函数,设置待处理的文件
        out = "imgss",                  #设置输出的目录
        mark = "水印文字",              #设置水印文字
        opacity=0.4,                    #设置水印透明度
        angle=45,                       #设置倾斜的角度
        space=30)                       #设置水印的密度
```

项目小结

本项目介绍了 pillow 图像处理模块、os 模块的安装；基于 pillow 图像处理模块、os 模块、watermarker 模块的功能，讲解了批量图片改名、根据扩展名对图片进行分类保存、裁剪图片、为图片添加文字、为图片添加标志、批量缩放图片、为图片添加水印等技能。

项目评价

班级		项目名称	
姓名		教师	
学期		评分日期	

	评分内容(满分 100 分)	学生自评	学生互评	教师评价
专业技能 (60 分)	任务完成进度(10 分)			
	对理论知识的掌握程度(20 分)			
	理论知识的应用能力(20 分)			
	改进能力(10)			
综合素养 (40 分)	按时打卡(10 分)			
	信息获取的途径(10 分)			
	按时完成学习及任务(10 分)			
	团队合作精神(10 分)			
	总分			
	综合得分 (学生自评 10%，同学互评 10%，教师评价 80%)			
学生签名：		教师签名：	

思考与练习

1. 学生自行收集图片，并根据所学知识将图片尺寸裁剪为300×400（单位为像素），并保存在新文件夹中。

2. 为收集的图片添加水印"版权所有"，将处理完成的图片保存在新文件夹中。

3. 在所有图片的右上角添加"文字标题"，将处理完成的图片文件保存在"imgss"目录下。

项目四 Word 文档操作

【项目导学】

在建设社会主义现代化国家方面，大数据可以用于推进数字经济、智能制造、智慧城市等领域的发展。通过数据采集与处理技术，可以实现更加精准的社会治理和公共服务，提高政府决策的科学性和效率。在深化改革方面，大数据可以用于推动政治体制、经济体制、文化体制等领域的改革。通过数据的共享和开放，可以增强政府部门之间的协同作用，提高社会治理的透明度和公正性。数据采集与处理技术离人们的生活并不遥远，Word 文档的操作就是一个简单的数据采集与处理过程。

本项目介绍 Python 中 python-docx 模块库的基本操作，包括 python-docx 模块的安装，docx 文件的引用，文档内容的读取、写入等案例，并在案例的实现过程中介绍了 Word 段落文本、表格内容、页眉/页脚等内容的获取与修改等操作技能。

【教学目标】

知识目标：

(1) 认识 python-docx 模块库；

(2) 了解 python-docx 模块库的功能与安装方法。

能力目标：

(1) 能根据需要使用 python-docx 模块库中的函数对 Word 文档进行处理；

(2) 掌握 Word 段落文本、表格内容、页眉/页脚等内容的获取与修改等操作技能。

素质目标：

(1) 培养学生时间观念，按时守时意识。

(2) 激发学生学习 Python 知识的兴趣，提高学生使用 Python 进行 Word 文档处理的热情。

大数据采集与处理技术应用

任务一　读取 Word 文档各段内容

任务要求

（1）安装 docx 图像处理模块。
（2）编程实现读取 word 文档各段内容的功能。
（3）在终端输出所有段落的内容。

知识准备

党的二十大报告指出：加快发展数字经济，促进数字经济和实体经济深度融合，打造具有国际竞争力的数字产业集群。数据收集与处理是实现数字经济的基础。利用 Python 语言进行数据处理时常用到各种函数。

定义一个函数的语法格式如下：

```
def 函数名(参数列表):
    函数体
```

下面是一个简单的 Python 函数，该函数接收两个输入数据，返回它们的平方和。

```
defmyf(x,y):
    return x* x+y* y
```

1. 函数首部

函数定义以关键字 def 开始，后跟函数名和圆括号括起来的参数，最后以冒号结束。函数定义的第一行称为函数首部，用于对函数的特征进行定义。

函数名是一个标识符，可以按标识符的规则进行命名。一般给函数命名一个能反映函数功能、有助于记忆的标识符。

在函数定义中，函数名后面括号内的参数没有值的概念，它们只是说明了自己和某种运算或操作之间的函数关系，称为形式参数，简称形参。形参是按需要设定的，也可以没有形参，但函数名后的一对圆括号必须保留。当函数有多个形参时，形参之间用逗号分隔。

2. 函数体

在函数定义中的缩进部分称为函数体，它描述了函数的功能。函数体中的 return 语句用于传递函数的返回值。其语法格式如下：

```
return 表达式
```

一个函数可以有多条 return 语句，当执行到某条 return 语句时，程序返回调用函数，并将 return 语句中表达式的值作为函数值带回。若 return 语句不带参数或函数体内没有 return 语句，则返回空值（None）。若 return 语句带多个参数值，则把这些值当作一个元组返回。例如，"return 1，2，3"实际上返回的是元组(1，2，3)。

3. 空函数

Python 中允许使用函数体为空的函数，其形式如下：

```
def 函数名():
    pass
```

调用此函数时，执行一条空语句，即什么工作也不做。这种函数定义出现在程序有以下目的的情况下：在调用该函数处，表明这里要调用××函数；在函数定义处，表明此处要定义××函数；因函数的算法还未确定，或暂时来不及编写，或有待于完善和扩充程序功能等原因，未给出该函数的完整定义。特别地，在程序开发过程中，通常先开发主要函数，次要函数或准备扩充程序功能的函数暂时写成空函数，其既能在程序还不完整的情况下调试部分程序，又能为以后程序的完善和功能的扩充奠定基础。因此，空函数在程序开发过程中经常被使用。

实现步骤

（1）从 Windows 系统进入 CMD 命令窗口，运行"pip install python-docx"命令，安装 python-docx 模块库。

（2）准备 Word 文档素材，并保存在"D:\\mypython\\word\\作业指导书.docx"文件夹中，如图 4-1-1 所示。

图 4-1-1　Word 文档素材

（3）新建"pyword1.py"文件，输入代码，实现读取 Word 文档的各段落内容的功能，如图 4-1-2 所示。

```
#读取docx中的文本代码示例
import docx
#获取文档对象
file=docx.Document("D:\\mypython\\word\\作业指导书.docx")
print("段落数:"+str(len(file.paragraphs)))#打印段落数
max_r=len(file.paragraphs)
for i in range(1,max_r):
    print(file.paragraphs[i].text)
```

图 4-1-2 读取 Word 文档的各段落内容

【参考代码】

```
#读取 docx 文件中的文本代码示例
import docx
#获取文档对象
file=docx.Document("D:\\mypython\\word\\作业指导书.docx")
print("段落数:"+str(len(file.paragraphs)))#打印段落数
max_r=len(file.paragraphs)
for i in range(1,max_r):
    print(file.paragraphs[i].text)
```

【知识解读】

"file.paragraphs[i].text"用于获取第 i 段的内容。

（4）保存"pyword1.py"文件，如图 4-1-3 所示。

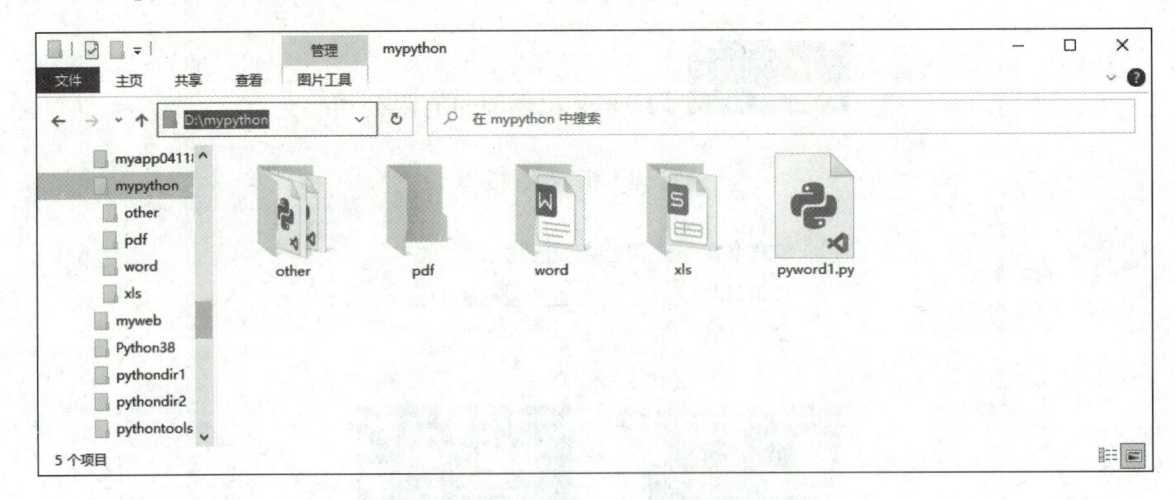

图 4-1-3 保存"pyword1.py"文件

（5）运行"pyword1.py"文件，可以观察到前端输出了 Word 文档各段落的内容，如图 4-1-4 所示。

项目四　Word 文档操作

```
#读取docx中的文本代码示例
import docx
#获取文档对象
file=docx.Document("D:\\mypython\\word\\作业指导书.docx")
print("段落数:"+str(len(file.paragraphs)))#打印段落数
max_r=len(file.paragraphs)
for i in range(1,max_r):
    print(file.paragraphs[i].text)
```

图 4-1-4　程序运行效果

任务二　按格式修改 Word 文档

任务要求

（1）完成 Word 文档内容的修改。
（2）把"编制："修改为"编制：经理室"，如图 4-2-1 所示。
（3）修改的内容格式不变。
（4）修改"作业指导书.docx"后将其保存为"经理室编制的作业指导书.docx"。

（a）

（b）

图 4-2-1 Word 文档修改前后对比

(a) 原 Word 文件；(b) 修改后的 Word 文档

知识准备

凡是要完成该函数功能处，就可以调用该函数来完成。函数调用的一般形式如下：

函数名(实际参数表)

调用函数时，和形参对应的参数因为有值的概念，所以称为实际参数，简称实参。当有多个实参时，实参之间用逗号分隔。

如果调用的函数是无参函数，则调用形式如下：

```
函数名()
```

其中，函数名之后的一对括号不能省略。

调用函数时提供的实参应与被调用函数的形参按顺序一一对应，而且参数类型要兼容。

Python 函数可以在交互式命令提示符下定义和调用。

交互式命令提示符下定义函数示例如下。

```
>>>def myf(x,y):
    s=x*x+y*y
    return s
>>>print(myf(3,4))
25
```

说明：上面的示例是写在 Python 解释器中的，实际上通常情况下函数的定义和调用都放在一个程序文件中，然后运行程序文件。

又如，以下代码是程序文件"test.py"的内容。

源程序如下。

```
defmyf(x,y):
    s=x*x+y*y
    return s
print(myf(3,4))
```

运行结果如下。

```
25
```

说明：在上例程序中只定义了一个函数 myf()，还可以定义一个主函数，用于完成程序的总体调度功能。

实现步骤

（1）新建"pyword.py"文件，输入程序代码实现 Word 文档内容的修改，如图 4-2-2 所示。

图 4-2-2　输入程序代码

【参考代码】

```
#修改 docx 文件中的文本代码示例
import docx
待修改内容="编制:"
修改为内容="编制:经理室"
file=docx.Document("D:\\mypython\\word\\作业指导书.docx")
for para in file.paragraphs:
    if(待修改内容 in para.text):
        for run in para.runs:
            run.text=run.text.replace(待修改内容,修改为内容)
file.save("经理室编制的作业指导书.docx")
```

【知识解读】

"para.runs"用于获取该段文本不同样式的内容。

(2)把待修改的 Word 文档保存到程序代码指定的目录下，如图 4-2-3 所示。

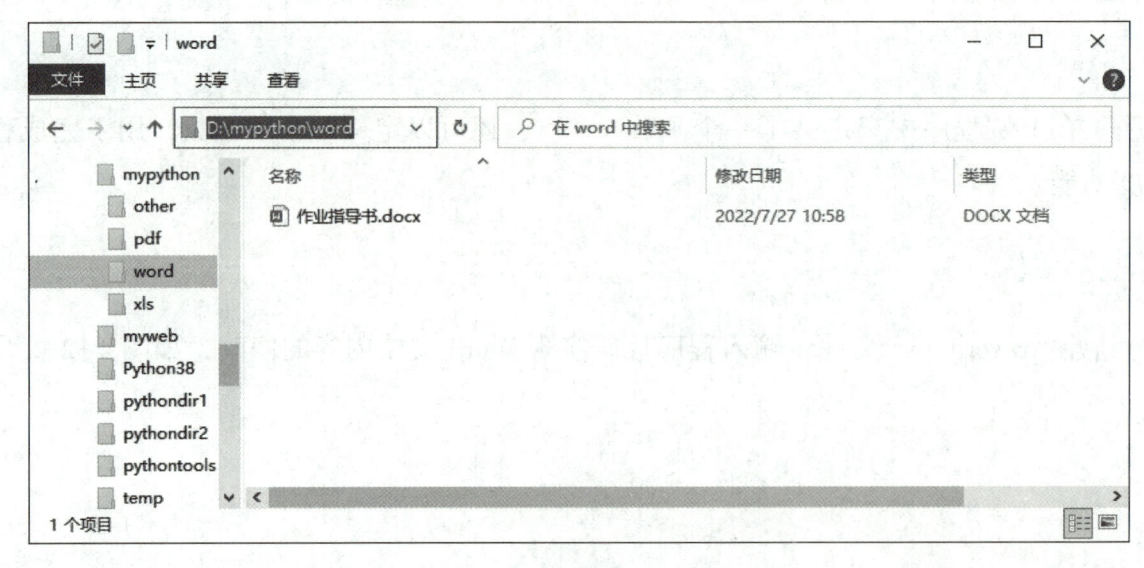

图 4-2-3　保存待修改 Word 文档

(3)程序执行成功后，观察到修改后保存的 Word 文档名为"经理室编制的作业指导书

.docx",如图 4-2-4 所示。

提示：修改后，原文 Word 文档并没有被修改，只是生成了一个新的 Word 文档。

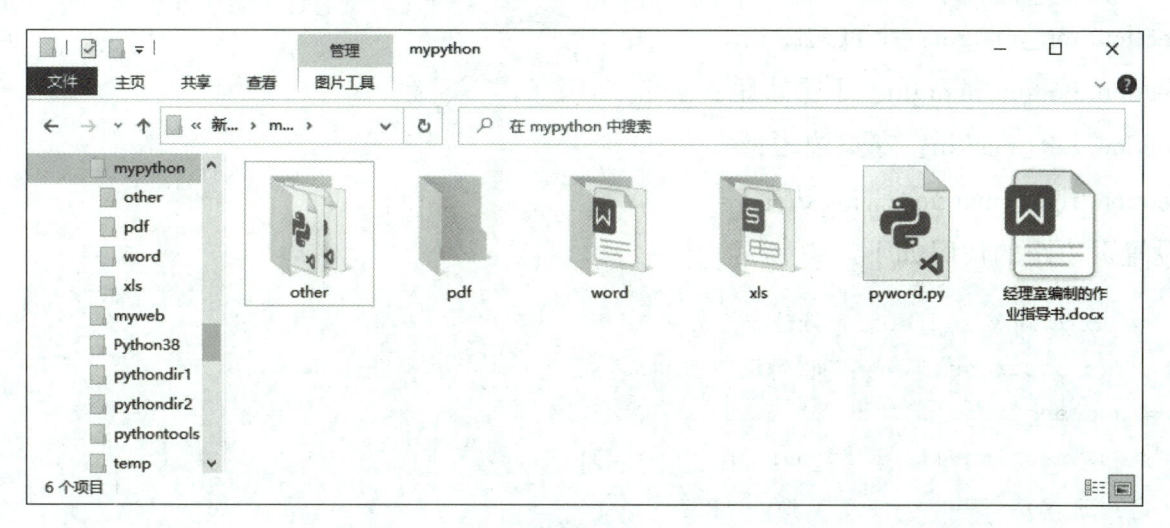

图 4-2-4　修改后保存的 Word 文档名

任务三　修改 Word 文档的首页和偶数页页眉

任务要求

（1）打开 Word 文档"有页面的文档.docx"。
（2）把首页的页面设置为"第 1 页页眉"。
（3）把偶数页的页面设置为"偶数页眉内容"。

修改 WORD 文档的
首页和偶数页页眉

知识准备

1. doc 文件的节

doc.setctions 这个列表就是 doc 文件的所有节。

2. doc 文件的页眉设置

```
head=doc.setctions[0].header    #定位获取页眉
head.paragraphs[0].text="页眉内容"    #对页眉内容进行修改
```

3. doc 文件的页脚设置

```
foot=doc.setctions[0].footer    #定位获取页脚
foot.paragraphs[0].text="页脚内容"    #对页脚内容进行修改

doc.setctions[0].different_first_page_header_footer=True
#设置首页不同,True 表示不同,False 表示相同。
```

4. doc 文件的页边距设置

在 python-docx 包中常用页边距属性存在 section 的以下 4 个属性中。

section.top_margin：上页边距；

section.bottom_margin：下页边距；

section.left_margin：左页边距；

section.right_margin：右页边距。

设置页边距的代码如下。

```
>>> from docx.shared import Cm
>>>doc.sections[1].top_margin = Cm(3.7)
>>>doc.sections[1].bottom_margin = Cm(3.5)
>>>doc.sections[1].left_margin = Cm(2.8)
>>>doc.sections[1].right_margin = Cm(2.6)
```

5. doc 文件的纸张方向和大小设置

section 中的 3 个属性描述了纸张方向和尺寸，分别为 section.orientation、section.page_width、section.page_height。纸张大小设置单位用 cm，设置同页边距。

orientation 即纸张方向，也是要设置的，不能把纸张宽度设置大了，高度设置小了，这样纸张就变成横向了，可能影响打印。

纸张方向的值是通过 docx.enum.section.WD_ORIENTATION 中枚举类型的 2 个常量来设置的，分别如下。

WD_ORIENTATION.LANDSCAPE：纸张方向为横向；

WD_ORIENTATION.PORTRAIT：纸张方向为纵向。

例如，查看页面的高度、宽度、纸张方向的示例如下。

```
>>>doc.sections[0].page_height.cm
27.94
>>>doc.sections[0].page_width.cm
21.59
>>>doc.sections[0].orientation
0
```

实现步骤

（1）新建 Python 程序文件，根据参考代码编程实现功能，将程序文件保存为"pyword.py"。

【参考代码】

```
import docx
from docx.enum.text import WD_ALIGN_PARAGRAPH
#导入库：设置对象居中、对齐等
```

```python
from docx.shared import Cm
doc =docx.Document("D:\\mypython\\word\\有页眉的文档.docx")
#加载模板文件
sections =doc.sections
for section in sections:#设置页边距
    section.top_margin = Cm(3)
    section.bottom_margin = Cm(2)
    section.left_margin = Cm(2.54)
    section.right_margin = Cm(2.54)
doc.settings.odd_and_even_pages_header_footer = True
#启动页眉页脚奇偶页不同
偶数页眉 = doc.sections[0].even_page_header
#获取偶数页将在后续代码中进行设置
#奇数页直接对节进行页眉页脚设置即可
偶数页眉.paragraphs[0].text = "偶数页眉内容"
#设置偶数页眉为"偶数页眉内容"
print(doc.sections)
doc.sections[0].different_first_page_header_footer = True
#启动页眉页脚首页不同
首页页眉 = doc.sections[0].first_page_header
首页页眉.paragraphs[0].text = "第1页页眉"
#设置首页的页眉内容为"第1页页眉"
doc.save('okdoc.docx')
```

（2）代码中调用的"有页眉的文档.docx"文件保存在指定的目录下，结果文件"okdoc.docx"将输出到同一目录下，如图4-3-1所示。

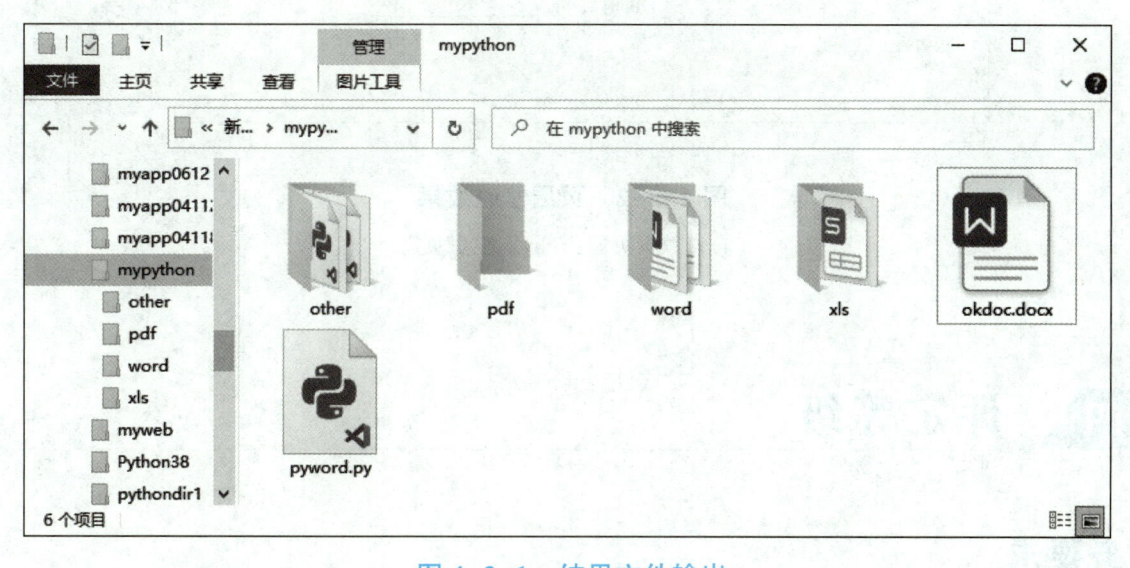

图 4-3-1　结果文件输出

提示："doc = docx.Document("D：\\ mypython \\ word \\ 有页眉的文档.docx")"命令的前提是必须把文件"有页面的文档.docx"事先保存在目录"D：\mypython \ word \ "下，Python

中目录用“\\ ”表示。

(3)打开结果文件“okdoc. docx”，可以看到 Word 文档的页眉已被修改，如图 4-3-2 所示。

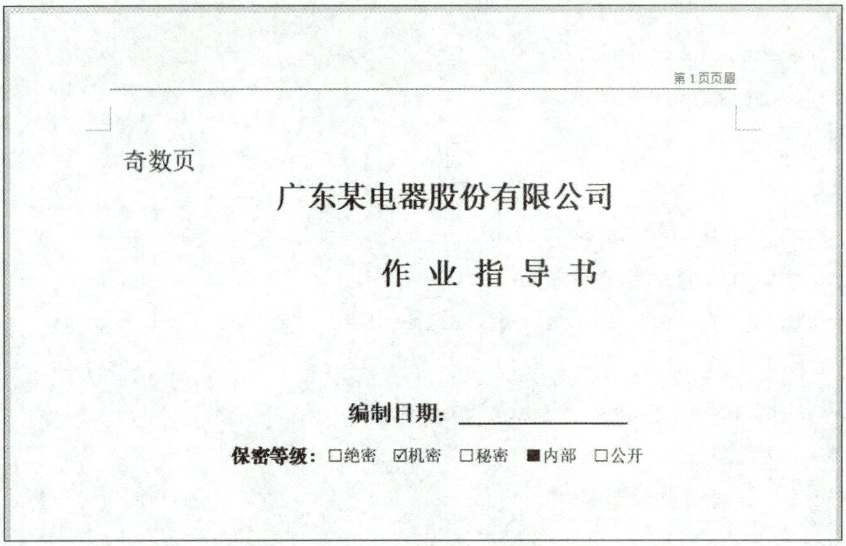
第1页页眉

奇数页

广东某电器股份有限公司

作 业 指 导 书

编制日期：________

保密等级：□绝密 ☑机密 □秘密 ■内部 □公开

(a)

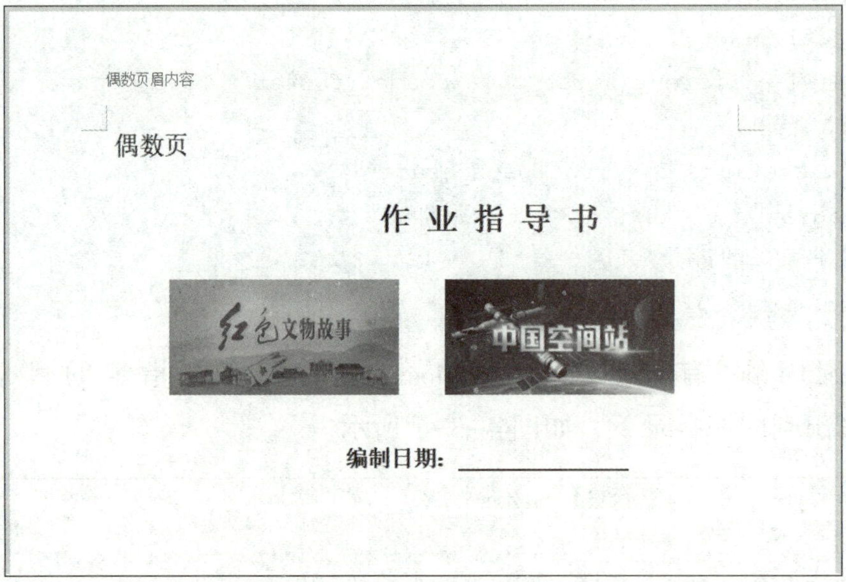
偶数页眉内容

偶数页

作 业 指 导 书

编制日期：________

(b)

图 4-3-2 页眉修改效果

(a)奇数页页眉；(b)偶数页页眉

任务四 评定等级

任务要求

(1)现有文件“业绩评定单 . docx”其中实现增产幅度“90”表示增加幅度为 90%，实现增产幅度“70”表示增加幅度为 70%，如图 4-4-1 所示。

（2）根据各业务团队的"实现增产幅度"，通过编程进行业绩等级评定，"实现增产幅度"大于90评定为A+，大于80评定为A，大于70评定为B，大于等于60评定为C，其他评定为D。

（3）将完成的结果保存为"ok.docx"。

业绩评定单

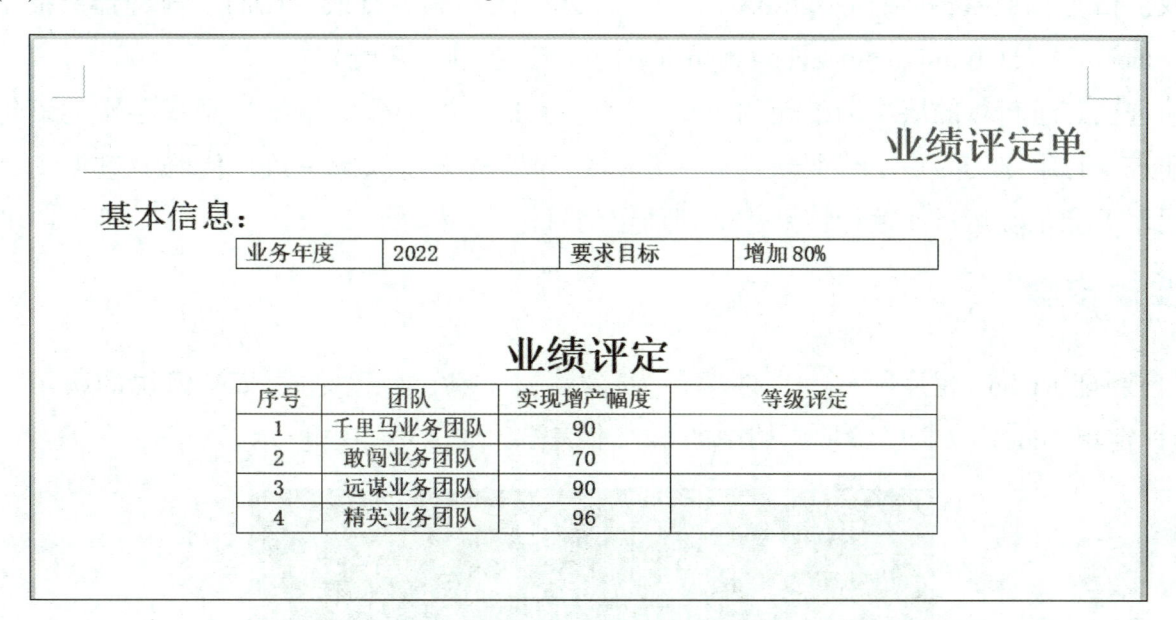

基本信息：

| 业务年度 | 2022 | 要求目标 | 增加80% |

业绩评定

序号	团队	实现增产幅度	等级评定
1	千里马业务团队	90	
2	敢闯业务团队	70	
3	远谋业务团队	90	
4	精英业务团队	96	

图 4-4-1 "业绩评定单.docx"

知识准备

一、注释

在程序语言中，为了让人们更加轻松地了解代码功能，通常可以引入注释对程序代码进行解释和说明，且不同的程序语言其注释形式有所不同。在 Python 中，注释形式有普通注释、文档字符串两种形式。

1. 普通注释

Python 中的注释使用"#"符号标识。在程序执行时，解释器会自动忽略"#"后面的内容。"#"可以标识单行注释，也可以标识行内注释（即语句或表达式之后的注释）。行内注释与语句至少相隔两个空格，从程序的可读性方面考虑，应谨慎使用行内注释。

单行注释示例如下：

```
#Hello World!
```

行内注释示例如下：

```
print ('Hello World! ') #print "Hello word!"
```

2. 文档字符串

文档字符串是在开头和结尾加入 3 个单引号(''')或 3 个双引号(""")的注释形式。在编写公共模块、函数、类和方法时，可以使用文档字符串来注释它们的使用方法。文档字符串可以使用 function.__doc__（双下划线）调用。

二、代码缩进

Python 语句不使用"{}"表示代码块,而是使用缩进来区分代码块,即逻辑行首的空白(制表符或空格)。制表符和空格不能混合使用,错误地使用制表符或空格时,解释器会提示"unindent does not match any outer indentation level"(缩进级别不匹配)。

缩进决定逻辑行的层次和语句的分组。缩进在 Python 中非常重要,同一层次的语句有相同的缩进,每组语句为一个代码块。同一组语句的缩进必须保持一致,代码缩进混乱会直接导致程序不能正确运行或运行结果达不到预定的目标。

实现步骤

(1)新建 Python 程序文件,文件保存为"pyword.py",编程完成 docx 模块的引用,打开"业绩评定单.docx"文档,读取文档中的第二个表格,如图 4-4-2 所示。

```
from docx import Document
path = "word\\业绩评定单.docx"
document = Document(path)      #读入文件
tables = document.tables        #获取文件中的表格集
table1 = tables[1]              #获取文件中的第一个一级表格
```

图 4-4-2　输入程序代码 1

【参考代码】

```
from docx import Document
path = "word\\业绩评定单.docx"
document = Document(path)          #读入文件
tables =document.tables            #获取文件中的表格集
table1 = tables[1]                 #获取文件中的第一个一级表格
```

(2)用 for 语句从表格的第二行开始遍历表格行,获取各业务团队的"实现增产幅度"值,用 if 语句判断值的条件,根据条件填写等级评定单元格的内容,如图 4-4-3 所示。

```
#len(table1.rows)为表格的行数
for i in range(1,len(table1.rows)):
    score=float(table1.cell(i,2).text)
    if score>90:
        table1.cell(i,3).text="A+"
    elif  score>80:
        table1.cell(i,3).text="A"
    elif  score>70:
        table1.cell(i,3).text="B"
    elif  score>=60:
        table1.cell(i,3).text="C"
    else:
        table1.cell(i,3).text="D"
document.save('ok.docx') #保存文档
```

图 4-4-3　输入程序代码 2

【参考代码】

```
#len(table1.rows)为表格的行数
for i in range(1,len(table1.rows)):
    score=float(table1.cell(i,2).text)
    if score>90:
        table1.cell(i,3).text="A+"
    elif  score>80:
        table1.cell(i,3).text="A"
    elif  score>70:
        table1.cell(i,3).text="B"
    elif  score>=60:
        table1.cell(i,3).text="C"
    else:
        table1.cell(i,3).text="D"
document.save('ok.docx')  #保存文档
```

(3)运行程序即可得到想要的效果。

任务五　添加行和列

任务要求

(1)打开Word文档"补货单.docx",如图4-5-1(a)所示。

(2)在成绩单表格中添加"合计"行。

(3)在成绩单表格最右侧添加"是否补货"列,宽度为3厘米。

(4)单元格内容水平居中,字号为小四号(12磅)。

(5)完成的结果保存为"ok.docx",效果如图4-5-1(b)所示。

补货单

序号	商品编号	补货数量
1	S00S0066	90
2	S00T0253	70
3	RE0E00E6	90
4	RE0E00E8	96

（a）

补货单

序号	商品编号	补货数量	是否补货
1	S00S0066	90	
2	S00T0253	70	
3	RE0E00E6	90	
4	RE0E00E8	96	
合计			

（b）

图 4-5-1　表格操作前后对比

（a）操作前的补货单；（b）操作后的效果

实现步骤

（1）新建 Python 程序文件，文件保存为“pyword. py”，编程完成 docx 模块的引用，如图 4-5-2 所示。

```
from docx import Document
from docx.shared import Pt
from docx.enum.text import WD_TAB_ALIGNMENT
from docx.shared import Cm

```

图 4-5-2　输入程序代码 1

【参考代码】

```
from docx import Document
from docx. shared import Pt
from docx. enum. text import WD_TAB_ALIGNMENT
from docx. shared import Cm
```

（2）打开文件当前目录下的“补货单 . docx”，并用 tables[0]读取第一个表格，如图 4-5-3 所示。

```
6  #打开文档的表格
7  path = "word\\补货单.docx"
8  document = Document(path)      #读入文件
9  tables = document.tables        #获取文件中的表格集
10 table0 = tables[0] #获取文件中的第一个一级表格
11
```

图 4-5-3　输入程序代码 2

【参考代码】

```
#打开文档的表格
path = "word\\补货单.docx"
document = Document(path)          #读入文件
tables =document.tables            #获取文件中的表格集
table0 = tables[0]                 #获取文件中的第一个一级表格
```

(3)在表格中添加"合计"行，如图 4-5-4 所示。

```
12 #在表格中添加新行
13 new_row =table0.add_row()
14 new_row.cells[0].paragraphs[0].add_run(str(len(table0.rows)-1))
15 new_row.cells[1].paragraphs[0].add_run("合计")
16
```

图 4-5-4　输入程序代码 3

【参考代码】

```
#在表格中添加新行
new_row =table0.add_row()
new_row.cells[0].paragraphs[0].add_run(str(len(table0.rows)-1))
new_row.cells[1].paragraphs[0].add_run("合计")
```

(4)设置各单元格的内容水平对齐，设置内容的字号，如图 4-5-5 所示。

```
17 #单元格内容水平居中
18 new_row.cells[0].paragraphs[0].paragraph_format.alignment =WD_TAB_ALIGNMENT.CENTER
19 new_row.cells[1].paragraphs[0].paragraph_format.alignment =WD_TAB_ALIGNMENT.CENTER
20 new_row.cells[2].paragraphs[0].paragraph_format.alignment =WD_TAB_ALIGNMENT.CENTER
21 new_row.cells[0].paragraphs[0].style.font.size = Pt(12)#12磅为小四号
22
```

图 4-5-5　输入程序代码 4

【参考代码】

```
#单元格内容水平居中
  new_row.cells[0].paragraphs[0].paragraph_format.alignment = WD_TAB_ALIGNMENT.CENTER
  new_row.cells[1].paragraphs[0].paragraph_format.alignment = WD_TAB_ALIGNMENT.CENTER
```

```
new_row.cells[2].paragraphs[0].paragraph_format.alignment = WD_TAB_ALIGN-
MENT.CENTER
    new_row.cells[0].paragraphs[0].style.font.size = Pt(12)
    #12磅为小四号
```

(5)添加宽度为 3 厘米的列,将该列第一行单元格内容设为"是否补货",如图 4-5-6 所示。

```
23  #在表格中添加"是否补货"列
24  table0.add_column(Cm(3)) # 为表格最右侧增加一列,宽度为3厘米
25  table0.rows[0].cells[3].paragraphs[0].add_run("是否补货")
26  table0.rows[0].cells[3].paragraphs[0].paragraph_format.alignment =WD_TAB_ALIGNMENT.CENTER
27  document.save('ok.docx') #保存文档
```

图 4-5-6　输入程序代码 5

【参考代码】

```
#在表格中添加"备注"列
table0.add_column(Cm(3)) #为表格最右侧增加一列,宽度为3厘米
table0.rows[0].cells[3].paragraphs[0].add_run("是否补货")
table0.rows[0].cells[3].paragraphs[0].paragraph_format.
    alignment =WD_TAB_ALIGNMENT.CENTER
document.save('ok.docx') #保存文档
```

任务六　添加图片

任务要求

(1)打开 Word 文档"个人简历.docx",如图 4-6-1(a)所示。

(2)在简历的最右单元格插入一张 1 寸大小的图片。

(3)完成的结果保存为"ok.docx",效果如图 4-6-1(b)所示。

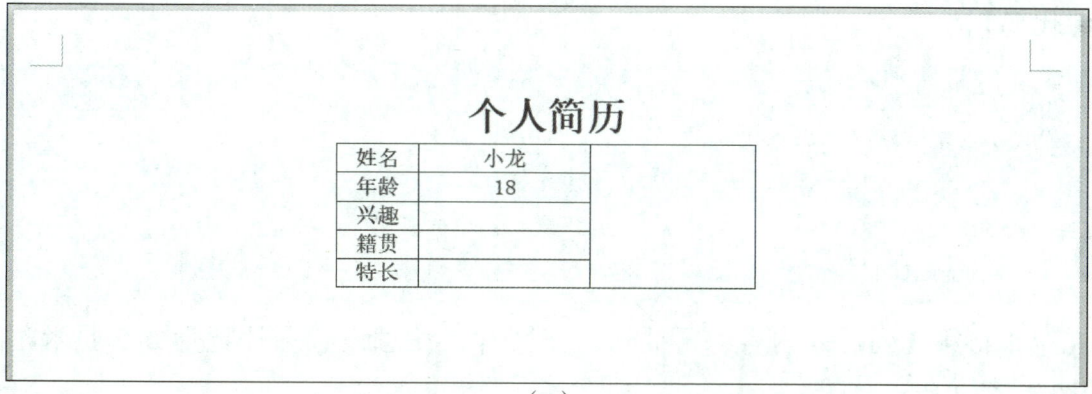

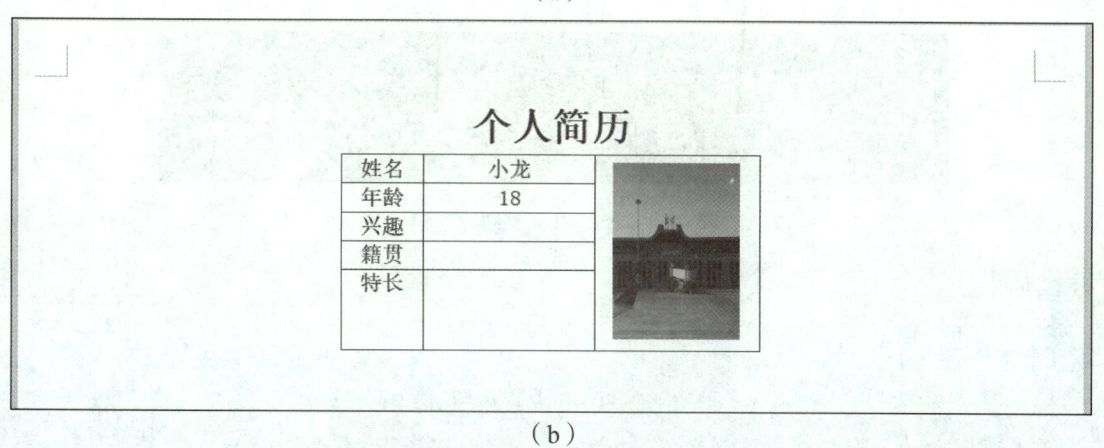

图 4-6-1　添加图片前后对比
(a)添加图片前效果；(b)添加图片后效果

实现步骤

（1）新建 Python 程序文件，文件保存为"pyword.py"，编程导入 docx 模块，如图 4-6-2 所示。

```
1  from docx import Document
2  from docx.shared import Cm
3
```

图 4-6-2　输入程序代码 1

【参考代码】

```
from docx import Document
from docx.shared import Cm
```

（2）打开"个人简历.docx"，找到第一个表格，如图 4-6-3 所示。

```
4  #打开文档的表格
5  path = "word\\个人简历.docx"
6  document = Document(path)     #读入文件
7  tables = document.tables       #获取文件中的表格集
8  table0 = tables[0]   #获取文件中的第一个一级表格
9
```

图 4-6-3　输入程序代码 2

【参考代码】

```
#打开文档的表格
path = "word\\个人简历.docx"
document = Document(path)        #读入文件
tables =document.tables          #获取文件中的表格集
table0 = tables[0]               #获取文件中的第一个一级表格
```

(3)在第1行第3列插入内容,再插入一张图片,注意设置图片宽为2.5厘米,高为3.5厘米,如图4-6-4所示。

```
10  #在指定单元格插入图片
11  run=table0.rows[0].cells[2].paragraphs[0].add_run("")
12  run.add_picture('imgs\\tt.jpg', width=Cm(2.5),height=Cm(3.5))
13  #图片宽2.5cm,高3.5cm
14  document.save('ok.docx') #保存文档
```

图 4-6-4　输入程序代码 3

【参考代码】

```
#在指定单元格插入图片
run=table0.rows[0].cells[2].paragraphs[0].add_run("")
run.add_picture('imgs\\tt.jpg', width=Cm(2.5),height=Cm(3.5))
#图片宽为2.5厘米,高为3.5厘米
document.save('ok.docx') #保存文档
```

任务七　创建"我的简历"文档

任务要求

(1)创建 Word 文件,如图 4-7-1 所示。

(2)设置标题为"我的简历"。

(3)设置一级标题为"基本信息"。

(4)段落内容包括姓名及年龄信息,其中"姓名:""年龄:"为粗体。

(5)设置一级标题为"专业信息"。

(6)段落内容"最精通专业课:Python 编程"为红色字体,加下划线。

(7)设置文本"我的家乡美景图"居中。

(8)居中插入两张图片,两张图片之间留两个空格。

(9)设置文本"晒晒成绩表"居中。

(10)设置成绩表内容"科目""成绩"表头文本为粗体,科目内容水平居中,成绩内容水平

创建"我的简历"文档

居中且为粗体。

(11)将文件保存为"demo. docx"。

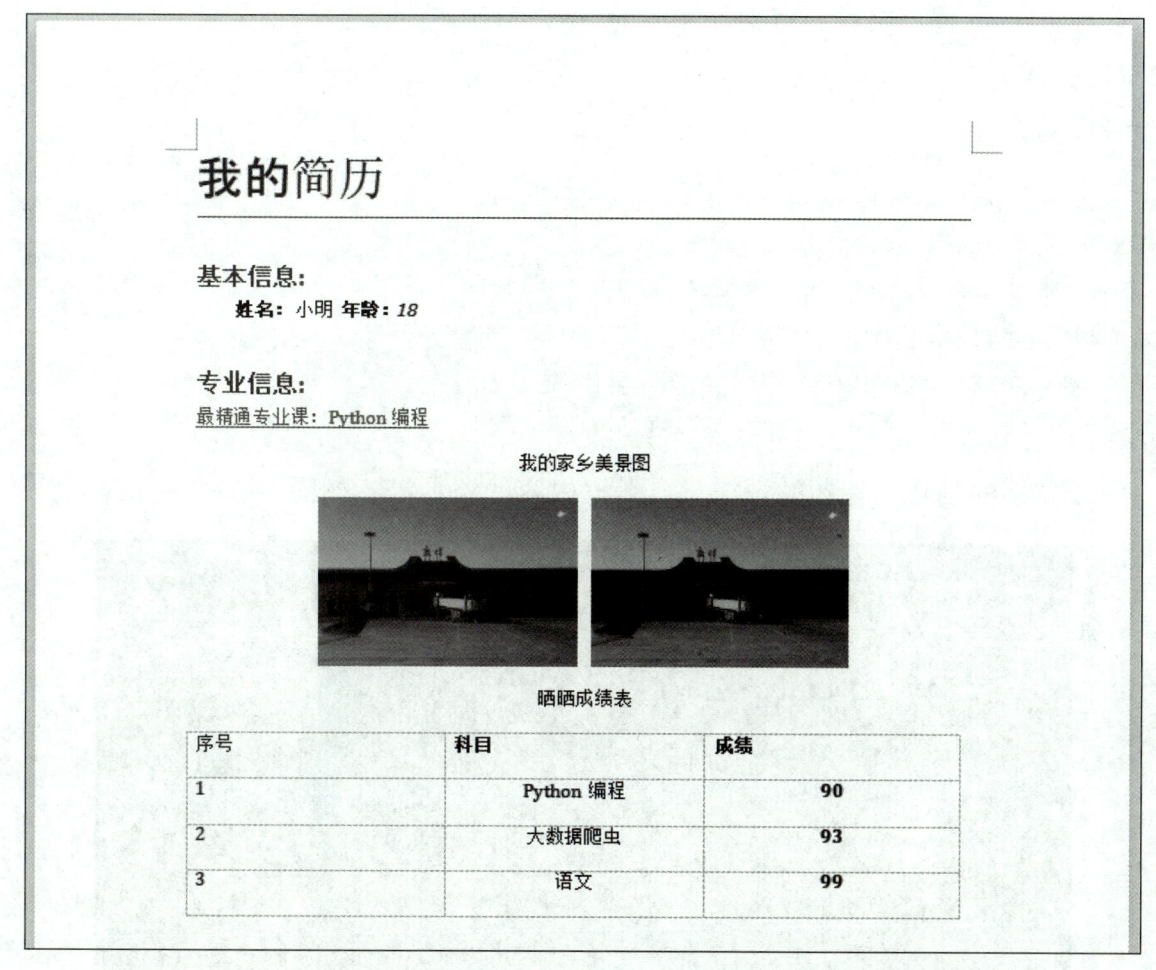

图 4-7-1　简历效果

知识准备

Word 是 Microsoft Office 办公软件中使用频率比较高的一个组件，使用 Word 能够非常方便地进行文稿的编辑和各种处理，可以高效率、高水平地处理各种办公文件、商业资料、科技文章及各类书信等。另外，Word 2010 及以上版本增加了许多实用功能，如改进的搜索和导航功能、新的 SmartArt 模板、向文本添加视觉效果功能、屏幕截图功能、图片艺术效果功能和背景移除功能等。

Word 的常见操作如下。

(1)添加标题。

(2)添加段落。

(3)为段落文字设置样式。

(4)插入图片。

(5)添加表格并输入内容。

(6)添加分页。

实现步骤

(1)新建 Python 程序文件,将文件保存为"pyword.py"。

(2)导入 docx 模块。

【参考代码】

```
from docx import Document
from docx.shared import Inches
from docx.shared import Pt, RGBColor
from docx.enum.text import WD_PARAGRAPH_ALIGNMENT
from docx.enum.text import WD_TAB_ALIGNMENT
from docx.enum.table import WD_TABLE_ALIGNMENT
```

(3)完成文档的创建、标题的添加、自然段内容的添加等,如图 4-7-2 所示。

```
1  #导入python-docx库
2  from docx import Document
3  from docx.shared import Inches
4  from docx.shared import Pt, RGBColor
5  from docx.enum.text import WD_PARAGRAPH_ALIGNMENT
6  from docx.enum.text import WD_TAB_ALIGNMENT
7  from docx.enum.table import WD_TABLE_ALIGNMENT
8
9  document = Document()# 新建wrod文档
10 document.add_heading('我的简历', level=0)#0表示标题
11 document.add_heading('基本信息:', level=1)#1表示一级标题
12 p = document.add_paragraph('')#添加一个新段落(自然段),不是标题
13 # 将字号设置为10.5磅,即五号
14 p.style.font.size = Pt(10.5)
15 p.paragraph_format.first_line_indent = p.style.font.size*2#缩进两个字符
16 p.add_run('姓名: ').bold = True #添加内容"姓名:",字体加粗
17 p.add_run(' 小明 ') #添加内容" 小明 ",字体格式为普通
18 p.add_run(' 年龄: ').bold = True #添加内容"年龄:",字体加粗
19 p.add_run('18').italic = True #添加内容"18",字体格式为普通
```

图 4-7-2 输入程序代码 1

【参考代码】

```
document = Document()#新建 Word 文档
document.add_heading('我的简历', level=0) #0 表示标题
document.add_heading('基本信息:', level=1) #1 表示一级标题
p =document.add_paragraph('')#添加一个新段落(自然段),不是标题
#将字号设置为10.5磅,即五号
p.style.font.size = Pt(10.5)
p.paragraph_format.first_line_indent = p.style.font.size* 2
#缩进两个字符
p.add_run('姓名:').bold = True #添加内容"姓名:",字体加粗
p.add_run(' 小明 ') #添加内容" 小明",字体格式为普通
```

```
p.add_run('年龄:').bold = True      #添加内容"年龄:",字体加粗
p.add_run('18').italic = True      #添加内容"18",字体格式为普通
```

(4)完成"专业信息"等内容的添加,如图4-7-3所示。

```
21  document.add_heading('专业信息:', level=1)
22  p = document.add_paragraph('')#添加一个新段落(自然段),不是标题
23  run1=p.add_run('最精通专业课: Python编程')
24  run1.font.underline = True   # 判断是否下划线
25  run1.font.color.rgb = RGBColor(255, 0, 0)   # 设置字体颜色
26
27  # 指定一个居中标题
28  p0 = document.add_paragraph('我的家乡美景图')#添加一个新段落(自然段),不是标题
29  p0.alignment = WD_PARAGRAPH_ALIGNMENT.CENTER
30
```

图 4-7-3　输入程序代码 2

【参考代码】

```
document.add_heading('专业信息:', level=1)
p = document.add_paragraph('')#添加一个新段落(自然段),不是标题
run1=p.add_run('最精通专业课:Python编程')
run1.font.underline = True   #判断是否下划线
run1.font.color.rgb = RGBColor(255, 0, 0)   #设置字体颜色

#指定一个居中标题
p0 = document.add_paragraph('我的家乡美景图')
#添加一个新段落(自然段),不是标题
p0.alignment = WD_PARAGRAPH_ALIGNMENT.CENTER
```

(5)添加一个空的自然段,准备在这个自然段中添加图片,设置该自然段居中,将来插入的图片自然会居中显示,如图4-7-4所示。

```
31  #图片居中设置
32  p1 = document.add_paragraph()#添加一个居中对齐的新段落,居中显示图片
33  p1.paragraph_format.first_line_indent = 0#缩进0个字符
34  p1.alignment = WD_PARAGRAPH_ALIGNMENT.CENTER
35  run = p1.add_run("")
36
```

图 4-7-4　输入程序代码 3

【参考代码】

```
#图片居中设置
p1 = document.add_paragraph()
#添加一个居中对齐的新段落,居中显示图片
p1.paragraph_format.first_line_indent = 0#缩进0个字符
p1.alignment = WD_PARAGRAPH_ALIGNMENT.CENTER
run = p1.add_run("")
```

(6)使用 add_run()函数插入图片,图片就会附带居中格式,居中格式在上一步的代码中已设置完成,如图 4-7-5 所示。

```
37  #插入图片
38  run.add_picture('imgs\\tt.jpg', width=Inches(2))
39  run2 = p1.add_run("   ")
40  run2.add_picture('imgs\\tt.jpg', width=Inches(2))
41  p2 = document.add_paragraph('晒晒成绩表')#添加一个新段落(自然段)
42  p2.alignment = WD_PARAGRAPH_ALIGNMENT.CENTER
43
```

图 4-7-5　输入程序代码 4

【参考代码】

```
#插入图片
run.add_picture('imgs\\tt.jpg', width=Inches(2))
run2 = p1.add_run("   ")#插入两个空格
run2.add_picture('imgs\\tt.jpg', width=Inches(2))
p2 = document.add_paragraph('晒晒成绩表')#添加一个新段落(自然段)
p2.alignment = WD_PARAGRAPH_ALIGNMENT.CENTER#设置居中格式
```

(7)定义成绩表内容 records,用"document.add_table(rows=1,cols=3)"语句添加表格并添加表头的内容,如图 4-7-6 所示。

```
44  #定义成绩表内容
45  records = (
46      (1, 'Python编程', '90'),
47      (2, '大数据爬虫', '93'),
48      (3, '语文', '99')
49  )
50  #添加表格(1行3列)
51  table = document.add_table(rows=1, cols=3)
52  hdr_cells = table.rows[0].cells
53  hdr_cells[0].text='序号'
54  hdr_cells[1].paragraphs[0].add_run('科目').bold = True
55  hdr_cells[2].paragraphs[0].add_run('成绩').bold = True
```

图 4-7-6　输入程序代码 5

【参考代码】

```
#定义成绩表内容
records = (
    (1,'Python 编程','90'),
    (2,'大数据爬虫','93'),
    (3,'语文','99')
)
#添加表格(1行3列)
table = document.add_table(rows=1, cols=3)
hdr_cells = table.rows[0].cells
```

```
hdr_cells[0].text='序号'
hdr_cells[1].paragraphs[0].add_run('科目').bold = True
hdr_cells[2].paragraphs[0].add_run('成绩').bold = True
```

(8)使用table.add_row().cells 添加表格新行,并在各行添加相应的数据,如图4-7-7所示。

```
56  for 序号, 科目, 成绩 in records:
57      row_cells = table.add_row().cells #给表格添加一行
58      row_cells[0].text = str(序号)
59      row_cells[1].text = 科目
60      row_cells[2].paragraphs[0].add_run(成绩).bold = True#带样式添加
61      row_cells[2].paragraphs[0].paragraph_format.alignment = WD_TABLE_ALIGNMENT.CENTER
62      row_cells[1].paragraphs[0].paragraph_format.alignment =WD_TAB_ALIGNMENT.CENTER
63      #WD_TABLE_ALIGNMENT.CENTER#水平居中
64      #WD_TABLE_ALIGNMENT.RIGHT#水平右对齐
65      #WD_TABLE_ALIGNMENT.LEFT#水平左对齐
66  document.add_page_break()#添加分页符
67  document.save('demo.docx')#保存文档
```

图4-7-7 输入程序代码6

【参考代码】

```
for 序号, 科目, 成绩 in records:
    row_cells = table.add_row().cells #给表格添加一行
    row_cells[0].text = str(序号)
    row_cells[1].text = 科目
    row_cells[2].paragraphs[0].add_run(成绩).bold = True#带样式添加
    row_cells[2].paragraphs[0].paragraph_format.alignment = WD_TABLE_ALIGNMENT.CENTER
    row_cells[1].paragraphs[0].paragraph_format.alignment =WD_TAB_ALIGNMENT.CENTER
document.add_page_break()#添加分页符
document.save('demo.docx')#保存文档
```

【代码解读】

"WD_TABLE_ALIGNMENT.CENTER"为水平居中;

"WD_TABLE_ALIGNMENT.RIGHT"为水平右对齐;

"WD_TABLE_ALIGNMENT.LEFT"为水平左对齐。

项目小结

本项目介绍了Python的python-docx模块库应用案例,讲解了文档的创建,以及标题行、表格、自然段、图片等内容的添加方法,并讲解了文本字体、文本颜色、表格内容对齐、自然段缩进等格式的实现方法。

项目评价

班级		项目名称	
姓名		教师	
学期		评分日期	
评分内容(满分100分)		学生自评	学生互评	教师评价

	评分内容(满分100分)	学生自评	学生互评	教师评价
专业技能 (60分)	任务完成进度(10分)			
	对理论知识的掌握程度(20分)			
	理论知识的应用能力(20分)			
	改进能力(10)			
综合素养 (40分)	按时打卡(10分)			
	信息获取的途径(10分)			
	按时完成学习及任务(10分)			
	团队合作精神(10分)			
总分				
综合得分 (学生自评10%,同学互评10%,教师评价80%)				
学生签名:		教师签名:		

思考与练习

1. 请学生根据所学内容,利用 Python 中的 python-docx 模块库创建自己的简历。

2. 请学生将值日表录入成 Word 表格,并添加行和列,比一比看谁做得好。

3. 请学生自行搜索并下载讲述大国工匠先进事迹的文档,把首页的页眉设置为"工匠精神",把偶数页的页眉设置为"大国工匠 勇担使命"。

项目五
Matplotlib 数据分析应用

【项目导学】

从农业经济时代到工业经济时代,再到如今的数字经济时代,数据已逐渐成为驱动经济发展的新的生产要素。"大数据"从计算领域萌芽,逐步延伸到科学和商业领域,给我们提供了一种认识复杂系统的全新思维和探究客观规律的全新手段。本项目主要学习如何使用 Mataplotlib 进行数据分析。

Matplotlib 是 Python 的 2D 绘图库,它以各种硬拷贝格式和跨平台的交互式环境生成出版质量级别的图形,能让使用者很轻松地将数据图形化,并提供多样化的输出格式。

Matplotlib 可以用来绘制各种静态、动态、交互式的图表。用户可以使用该工具将很多数据以图表的形式更直观地呈现出来。

另外,利用 Matplotlib 可以绘制线图、散点图、等高线图、条形图、柱状图、3D 图形,甚至图形动画等。

Matplotlib 的安装步骤为:从 Windows 系统进入 CMD 命令窗口,运行"pip install matplotlib"命令。

本项目介绍 Python 的 Matplotlib 模块的应用。Matplotlib 模块的部分函数如表 5-0-1 所示。

表 5-0-1 Matplotlib 模块的部分函数

函数	功能	参数说明
plt.plot(x, y)	绘制点和线	x 为 x 轴数据,y 为 y 轴数据。绘制多个点数,相邻点绘制连线
plt.savefig("./fig.png")	保存图表为图像文件	参数 fig.png 确定了输出的文件
plt.xticks(range(1, 15))	设置当前 x 轴刻度位置和标签	
plt.bar(x = np.arange(5), height = yscore, width = 0.3, label = '编程达人', color = 'g', tick_label = skills)	绘制垂直柱形图	x 表示横坐标; height 表示柱状高度; width 表示柱状宽度; color 表示柱状图颜色; tick_label 表示每个柱状图的坐标标签

续表

函数	功能	参数说明
plt.barh(　　y = skills, 　　width = vscore_c, 　　height = 0.35, 　　label = '第2局得分', 　　color = '#1a86d9', 　　alpha = 0.6, 　　)	绘制水平柱形图	x 表示纵坐标; width 表示柱状宽度; height 表示柱状高度; color 表示柱状图颜色; tick_label 表示每个柱状图的坐标标签
plt.scatter(x, y, color = 'hotpink')	绘制散点图	x, y 表示即将绘制散点图的数据点; color = 'hotpink' 设置数据点的颜色为 hotpink
plt.pie(y, 　　labels = ['A','B','C','D','E','F'], 　　explode = tup0, 　　autopct = '%.2f%%', 　　)	绘制饼形图	labels 表示标签; explode 表示偏离圆心的距离; autopct = '%.2f%%' 表示数据的保留两位小数

【教学目标】

知识目标：

(1) 认识 Matplotlib 模块;

(2) 认识 Matplotlib 模块中常用函数的功能，以及参数表达的含义。

能力目标：

(1) 能根据需要使用 Matplotlib 模块库中的函数进行数据分析;

(2) 能够根据正确安装 Matplotlib 模块库。

素质目标：

(1) 提升学生数据安全意识、法律意识。

(2) 激发学生学习大数据知识的兴趣。

任务一　绘制七天天气温度折线图

任务要求

（1）现在有七天的天气温度的变化数据，第 1~第 7 天的温度依次是 25℃、20℃、18℃、15℃、18℃、19℃、22℃。

（2）请用 Matplotlib 绘制七天天气温度折线图。

【参考代码】

```
from matplotlib import pyplot as plt
x = range(1,8,1)
y = [25,20,18,15,18,19,22]
plt.plot(x,y)
plt.show()
```

绘制七天天气温度折线图

知识准备

数字化转型是新时代企业发展的关键。数字经济具有高创新性、强渗透性、广覆盖性，不仅是新的经济增长点，而且是改造提升传统产业的支点，可以成为构建现代化经济体系的重要引擎。数字化转型的要求需要传统企业跳出舒适圈，转变观念，探索数字化发展的可行思路，使用新技术、新方法、新模式改变企业传统的生产模式、组织方式和产业形态。有效的数据分析可以助力数字化转型。

数据质量分析是数据准备过程中的重要一环，是数据预处理的前提，也是数据挖掘分析结论有效性和准确性的基础。没有可信的数据，构建的模型将是空中楼阁。

数据质量分析的主要任务是检查原始数据中是否存在脏数据。脏数据一般是指不符合要求以及不能直接进行相应分析的数据。在常见的数据挖掘工作中，脏数据包括：缺失值、异常值、不一致的值、重复数据及含有特殊符号（如#、¥、*）的数据。

下面主要对数据中的缺失值、异常值和一致性进行分析。

一、缺失值分析

数据的缺失主要包括记录的缺失和记录中某个字段信息的缺失，两者都会造成分析结果不准确。下面从缺失值产生的原因及影响两个方面展开分析。

1. 缺失值产生的原因

缺失值产生的原因主要有以下 3 点。

（1）有些数据暂时无法获取，或者获取数据的代价太大。

(2)有些数据是被遗漏的。可能因为输入时认为该数据不重要、忘记填写或对数据理解错误等一些人为因素而遗漏数据,也可能由于数据采集设备故障、存储介质故障、传输媒体故障等非人为原因而丢失数据。

(3)属性值不存在。在某些情况下,缺失值并不意味着数据有错误。对一些对象来说某些属性值是不存在的。

2. 缺失值的影响

缺失值会产生以下的影响。

(1)建模时将丢失大量的有用信息。

(2)模型所表现出的不确定性更加显著,模型中蕴含的规律更难把握。

(3)包含空值的数据会使建模过程陷入混乱,导致不可靠的输出。

3. 缺失值的分析

对缺失值的分析主要从以下两方面进行。

(1)使用简单的统计分析,可以得到含有缺失值的属性的个数及每个属性的未缺失数、缺失数与缺失率等。

(2)对于缺失值的处理,从总体上来说分为删除存在缺失值的记录、对可能值进行插补和不处理3种情况。

二、异常值分析

异常值分析是指检验数据是否有录入错误、是否含有不合常理的数据。忽视异常值的存在是十分危险的,不加剔除地将异常值放入数据的计算分析过程中,会对结果造成不良影响。重视异常值的出现,分析其产生的原因,常常成为发现问题进而改进决策的契机。

异常值是指样本中的个别值,其数值明显偏离其他观测值。在进行异常值分析时,可以先对变量进行描述性统计,进而查看哪些数据是不合理的。最常用的统计量是最大值和最小值,它们用来判断某个变量的取值是否超出了合理范围。如客户年龄的最大值为199岁,则判断该变量的取值存在异常。

三、一致性分析

数据的不一致性是指数据的矛盾性、不相容性。直接对不一致的数据进行处理,可能产生违背实际的结果。

在数据处理过程中,不一致数据主要出现在数据集成的过程中,其可能是被分析数据来自不同的数据源、对重复存放的数据未能进行一致性更新造成的。例如,两张表中都存储了用户的电话号码,但在用户的电话号码发生改变时只更新了一张表中的数据,那么这两张表中就出现了不一致数据。

实现步骤

(1)打开"D:\mypython"文件夹作为项目目录,执行"文件/新建文件"命令,新建

"pydata.py"文件，输入程序代码，实现功能——导入 Matplotlib 模块的 pyplot( )函数，设置所绘制曲线的各点坐标值，绘制曲线，如图 5-1-1 所示。

```
1   #导入pyplot()函数,别名命名为plt
2   from matplotlib import pyplot as plt
3   #1到7共7天，在x轴上的数据
4   x=range(1,8,1)
5   #记录7天的温度,此数据是y轴
6   y=[25,20,18,15,18,19,22]
7   #传入x和y,通过plot()函数绘制出折线图
8   plt.plot(x,y)
9   #显示绘制的图
10  plt.show()
```

图 5-1-1　输入程序代码 1

【代码解读】

```
#导入pyplot()函数,pyplot as plt 的作用是为 pyplot 起了别名 plt
from matplotlib import pyplot as plt
x=range(1,8,1)
#x 值的取值是 1,2,3,4,5,6,7,从 1 开始,步长为 1,不达到 8
#记录 7 天的温度,此数据是 y 轴上的数据
y=[25,20,18,15,18,19,22]
#传入 x 和 y,通过 plot()函数绘制出折线图
#plot(x,y)的作用由 x,y 数列的值绘制曲线。x 的第 1 个数即折线 x 方向的第 1 个点,y 方向的值取 y 的第 1 个数;x 的第 2 个数即折线 x 方向的第 2 个点,y 方向的值取 y 的第 2 个数,依此类推。在图上有 7 个点,依次是(1,25)、(2,20)、(3,18)、(4,15)、(5,18)、(6,19)、(7,22),将各点连线绘制出折线图
plt.plot(x,y)
plt.show()    #显示绘制的图
```

（2）运行程序之后，会弹出曲线界面，如图 5-1-2 所示。

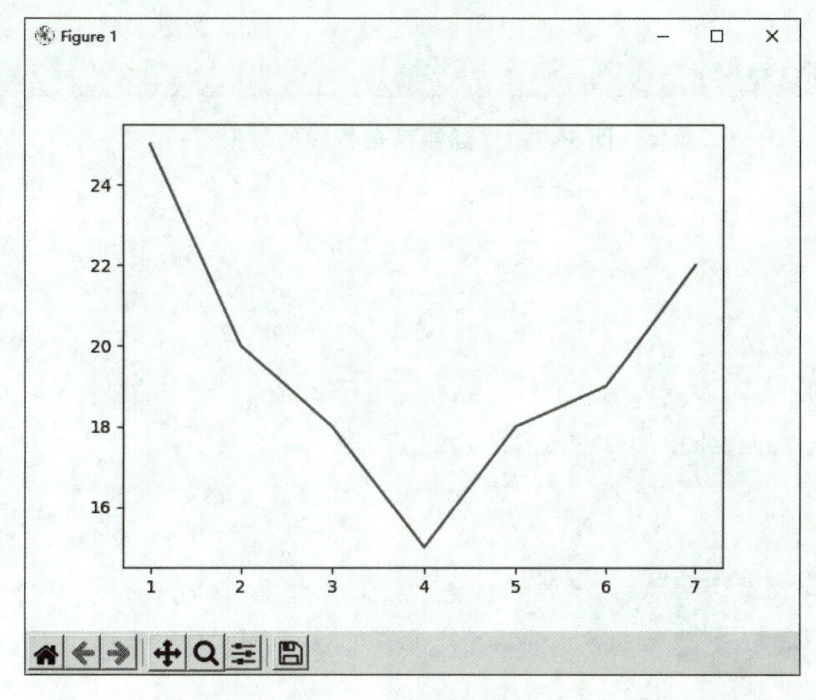

图 5-1-2　曲线界面

任务二　绘制两地温度对比折线图

任务要求

（1）现在有两地 12 个月的最高温度数据。

（2）其中甲地的 12 个月最高温度是 25℃、20℃、18℃、15℃、18℃、19℃、22℃、26℃、27℃、16℃、11℃、8℃。乙地的 12 个月最高温度是 10℃、18℃、16℃、25℃、8℃、9℃、12℃、13℃、19℃、22℃、22℃、25℃。

（3）根据最高温度数据绘制两条折线，展示两地温度对比情况，如图 5-2-1 所示。

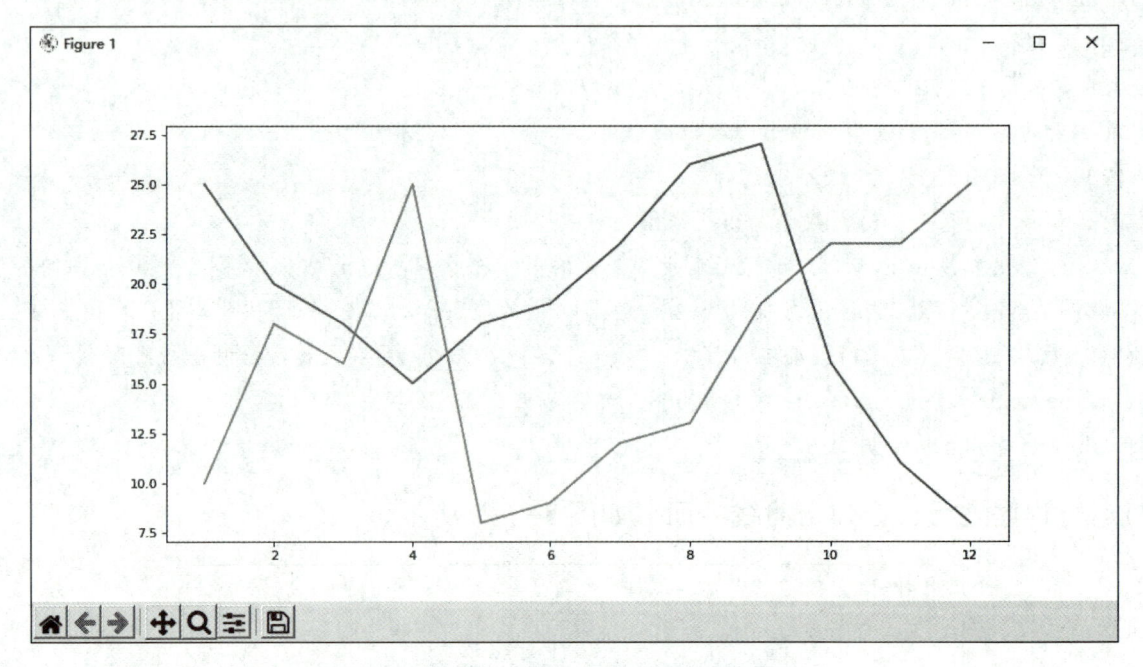

图 5-2-1　绘制两条折线的效果

【参考代码】

```
from matplotlib import pyplot as plt
fig = plt.figure(figsize=(12,6),dpi=80)
x = range(1,13,1)
y1 = [25,20,18,15,18,19,22,26,27,16,11,8]
y2 = [10,18,16,25,8,9,12,13,19,22,22,25]
plt.plot(x,y1)
plt.plot(x,y2)
plt.savefig("./fig.png")
plt.show()
```

实现步骤

(1) 打开"D:\mypython"文件夹作为项目目录,执行"文件/新建文件"命令,新建"pydata.py"文件,输入程序代码,实现功能——导入 Matplotlib 模块的 pyplot 并命名别名为 plt,设置画布宽为 12 英寸,高为 6 英寸,每英寸为 80 像素,x 变量存储水平方向的 12 个 x 坐标值,用 y1、y2 变量存储两地 12 个月的最高温度值,如图 5-2-2 所示。

```
1  from matplotlib import pyplot as plt
2  fig =plt.figure(figsize=(12,6),dpi=80)
3  x=range(1,13,1)
4  y1=[25,20,18,15,18,19,22,26,27,16,11,8]
5  y2=[10,18,16,25,8,9,12,13,19,22,22,25]
```

图 5-2-2　输入程序代码 1

【代码解读】

```
#导入 pyplot()函数,并命名别名为 plt
from matplotlib import pyplot as plt
#设置图像的大小,dpi=80 像素
fig =plt.figure(figsize=(12,6),dpi=80)
#12 个水平的坐标
x=range(1,13,1)
#y1 记录甲地的 12 个月最高温度
y1=[25,20,18,15,18,19,22,26,27,16,11,8]
#y2 记录乙地的 12 个月最高温度
y2=[10,18,16,25,8,9,12,13,19,22,22,25]
```

(2) 在"pydata.py"文件中继续输入程序代码,实现功能——根据 y1、y2 数据绘制折线,保存图片文件为"fig.png",最后显示图像,如图 5-2-3 所示。

```
6  plt.plot(x,y1)
7  plt.plot(x,y2)
8  plt.savefig("./fig.png")
9  plt.show()
```

图 5-2-3　输入程序代码 2

【代码解读】

```
plt.plot(x,y1)                    #以 x 数据和 y1 数据绘制折线
plt.plot(x,y2)                    #以 x 数据和 y2 数据绘制折线
plt.savefig("./fig.png")          #在当前目录下保存图片文件为"fig.png"
plt.show()                        #显示图像
```

任务三 绘制两种线型的折线图

任务要求

（1）使用折线图先后展示两组数据，如图 5-3-1 所示。

（2）现有 y1 组数据 20、25、18、22、18、19、22 和 y2 组数据 22、24、20、24、18、20、19。

（3）y1 组数据用实线展示，y2 组数据用虚线展示。

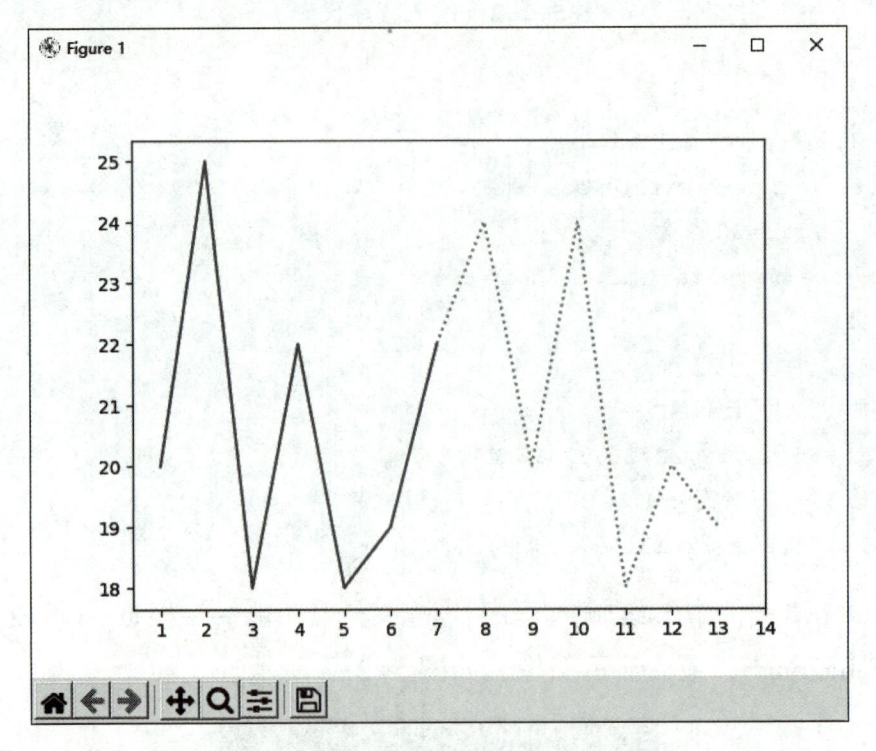

图 5-3-1 使用折线图展示两组数据

【参考代码】

```
from matplotlib import pyplot as plt
x1 = range(1,8,1)
y1 = [20,25,18,22,18,19,22]
plt.plot(x1,y1)
plt.xticks(range(1,15))
y2 = [22,24,20,24,18,20,19]
x2 = range(7,14,1)
plt.plot(x2,y2, linestyle = 'dotted')
plt.xticks(range(1,15))
plt.show()
```

知识准备

一、函数的嵌套定义

函数的嵌套定义是指在函数内部定义函数，但内嵌的函数只能在该函数内部使用，闭包即应用了函数的嵌套定义。

例如，使用嵌套定义的函数求阶乘和。

分析：从整体看，这个问题是一个求和问题，因此可以定义一个 sum( ) 函数进行求和。求和的内容是阶乘，因此在 sum( ) 函数内定义一个求阶乘函数 fact( )。

源程序如下。

```
def sum(n):
    def fact(a):
        t=1
        for i in range(1,a+1):
            t* =i
        return t
    s=0
    for i in range(1,n+1):
        s+=fact(i)
    return s
n=int(input("n="))
print("{}以内的阶乘之和为{}".format(n,sum(n)))
```

运行结果如下。

```
n=5
5 以内的阶乘之和为 153
```

二、函数的嵌套调用

函数的嵌套调用是指在一个函数的内部调用其他函数的过程。嵌套调用是模块化程序设计的基础，将一个应用程序合理划分为不同的函数，有利于实现程序的模块化。

例如，计算 $2^2! + 3^2!$。

分析：可以编写两个函数实现计算，一个是用来计算平方值的函数 f1( )，另一个是用来计算阶乘值的函数 f2( )。主函数先调用 f1( ) 函数计算出平方值，再在 f1( ) 函数中以平方值为实参，调用 f2( ) 函数计算其阶乘值，然后返回 f1( ) 函数，再返回主函数，在循环程序中计算累加和 s，如图 5-3-2 所示。

```
                main()函数        f1()函数          f2()函数
                  ↓                 ↑ ↓              ↑
              调用f1()函数          调用f2()函数
                  ↓
                 结束
```

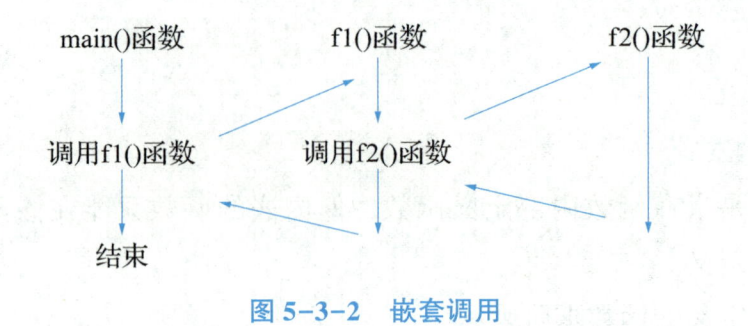

图 5-3-2　嵌套调用

源程序如下。

```
def f1(p):
    k=p* p
    r=f2(k)
    return r
def f2(q):
    c=1
    for i in range(1,q+1):
        c=c* i
    return c
def main():
    a,b=eval(input())
    s=f1(a)+f1(b)
    print("s={}".format(s))
main()
```

运行结果如下。

```
2,3
s=362904
```

三、递归函数

一个函数调用其他函数形成了函数的嵌套调用。如果一个函数调用自身，便形成了函数的递归调用。递归就是指在连续执行某一处理过程时，该过程中的某一步要用到它自身的上一步或上几步的结果。在一个程序中，若存在程序自己调用自己的现象就构成了递归。递归是一种常用的程序设计方法。在实际应用中，许多问题的求解方法具有递归特征，利用递归描述这种求解算法，思路清晰、简洁。

在Python中允许使用递归函数。递归函数是指一个函数的函数体中又直接或间接地调用该函数本身的函数。如果函数a中又调用函数a自己，则称为直接递归。如果函数a中先调用函数b，函数b中又调用函数a，则称为间接递归。程序设计中常用的是直接递归。

例如，当n为自然数时，求n的阶乘n!。

分析：n!的递归表示为

$$n! = \begin{cases} 1, & n \leq 1 \\ n(n-1)!, & n > 1 \end{cases}$$

从数学的角度来说，如果要计算出 f(n) 的值，就必须先算出 f(n-1) 的值，而要求 f(n-1) 的值就必须先求出 f(n-2) 的值。这样递归下去，直到计算 f(0) 的值为止。若已知 f(1) 的值，就可以往回推，计算出 f(2) 的值，一直计算出 f(n) 的值。

源程序如下。

```
def fac(n):
    if n<=1:
        return 1
    else:
        return n* fac(n-1)

m=int(input("n="))
p=fac(m)
print(p)
```

运行结果如下。

```
n=5
120
```

说明：在函数中使用了 n * fac(n-1) 的表达式形式，该表达式中调用了 fac( ) 函数，这是一种函数自身调用，是典型的直接递归调用，fac( ) 是递归函数。显然，就程序的简洁性来说，函数递归描述比循环控制结构描述更自然、简洁。

实现步骤

（1）打开"D：\ mypython"文件夹作为项目目录，执行"文件/新建文件"命令，新建"pydata.py"文件，输入程序代码，实现功能——导入 Matplotlib 模块的 pyplot( ) 函数并命名别名为 plt，x 变量存储水平方向的 7 个 x 坐标值，用 y1 存储 y1 组数据，根据 x1 和 y1 在 1~7 的 x 坐标绘制实线折线，在 x 轴上绘制 14 个 x 坐标，用 y2 存储 y2 组数据，根据 x2 和 y2 在 7~13 的 x 坐标绘制虚线折线，如图 5-3-3 所示。

```
1  from matplotlib import pyplot as plt
2  x1=range(1,8,1)
3  y1=[20,25,18,22,18,19,22]
4  plt.plot(x1,y1)
5  plt.xticks(range(1,15))
```

图 5-3-3　输入程序代码 1

【代码解读】

```
from matplotlib import pyplot as plt    #导入Matplotlib模块的pyplot()函数,起别名为plt
x1=range(1,8,1)
#x1变量的值依次为1、2、3、…、7,从1起,小于8,步长为1
y1=[20,25,18,22,18,19,22]               #y1是数组变量
plt.plot(x1,y1)
#x1变量值为x坐标的值,y1变量为y坐标的值,绘制折线
plt.xticks(range(1,15))                 #在x轴上绘制14个坐标
```

(2)在"pydata.py"文件中继续输入程序代码,实现功能——根据x2、y2数据绘制虚线折线,如图5-3-4所示。

```
 6  y2=[22,24,20,24,18,20,19]
 7  x2=range(7,14,1)
 8  plt.plot(x2,y2, linestyle = 'dotted')
 9  plt.xticks(range(1,15))
10  plt.show()
```

图 5-3-4　输入程序代码 2

【代码解读】

```
y2=[22,24,20,24,18,20,19]               #y2是数组变量
x2=range(7,14,1)
#x2变量的值依次为7、8、9、…、13,从7起,小于14,步长为1
plt.plot(x2,y2, linestyle = 'dotted')
#以x2、y2数据绘制虚线折线
plt.xticks(range(1,15))                 #在x轴上绘制14个坐标
plt.show()                              #显示图像
```

任务四　显示柱状图

任务要求

(1)现有对"编程达人"在"代码""函数""语法""功能""界面"等方面的评分,请用柱状图表示得分情况。

(2)柱状图如图5-4-1所示。

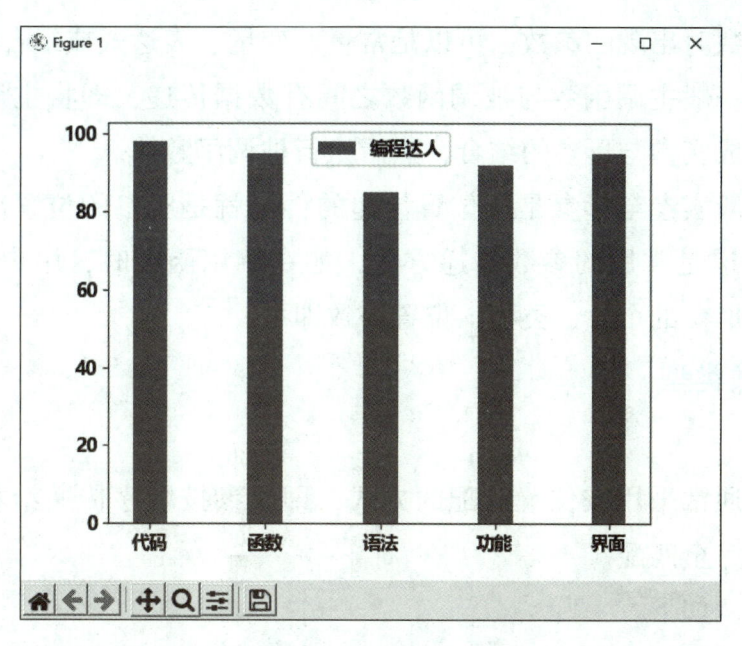

图 5-4-1　柱状图

【参考代码】

```
import matplotlib.pyplot as plt
import numpy as np
import matplotlib
#设置中文字体
font={'family':'MicroSoft YaHei',
    'weight':'bold',
    'size':'12'}
matplotlib.rc("font",* * font)
#准备数据
vscore =[98,95,85,92,95]                          #项目得分
skills = ['代码','函数','语法','功能','界面']      #技能项目
plt.bar(x = np.arange(5),                         #x方向坐标5个元素
    height =vscore,                               #柱状图高度
    width = 0.3,                                  #柱状图宽度
    label = '编程达人',                           #图表标签
    color = 'g',                                  #柱状图颜色
    tick_label = skills                           #每个柱状图的坐标标签
    )
plt.legend()                                      #显示标签
plt.show()
```

知识准备

一、函数的参数

形参是在函数的定义中出现的参数，可以是变量、组合数据类型，其值需要通过实参获

得。实参是在调用函数时出现的参数,可以是常量、变量、表达式或组合数据类型。

在调用函数时,一般主调函数与被调函数之间有数据传递,即将主调函数的实参传递给被调函数的形参,完成实参与形参的结合,然后执行被调函数体。

传递参数时,一般实参与形参是按位置传递的,也就是实参的位置次序与形参的位置次序相对应。按位置传递是常用的参数传递方法,如在调用函数时,用户根本不知道形参名,只要注意保持实参与形参的个数、类型、位置一致即可。

二、函数的参数类型

1. 位置参数

函数调用参数时通常采用按位置匹配的方式,即实参按顺序传递给相应位置的形参。这里实参的数目与形参完全匹配。

使用位置参数示例如下。

分析:调用函数 add( ),一定要传递两个参数,否则会出现一个语法错误。

```
def add(x,y):
    returnx+y
add(54)
```

运行结果如下。

```
TypeError: add() missing 1 required positional argument:'y'
```

以上提示的意思是 add( ) 函数漏掉了一个必需的位置固定的参数。

2. 关键字参数

关键字参数的形式如下:

```
形参名=实参值
```

在函数调用中使用关键字参数,即通过形参的名称来指示为哪个形参传递什么值,这样可以跳过某些参数或脱离参数的顺序。

使用关键字参数示例如下。

```
def add(x,y):
    print("x=",x,"y=",y,"x+y=",x+y)
add(y=10,x=20)
```

运行结果如下。

```
x= 20 y= 10 x+y= 30
```

3. 默认值参数

默认值参数是指定义函数时,假设一个默认值,如果不提供参数的值,则取默认值。默认值参数的形式如下：

形参名=默认值

使用默认值参数示例如下。

```
def mydefa(x,y=200,z=200):
    print("x=",x,"y=",y,"z=",z)
mydefa(50,100)
```

运行结果如下。

x=50 y= 100 z= 200

调用默认值参数的函数时，可以不对默认值参数进行赋值，也可以通过显式赋值来替换其默认值。例如，上例中在调用 mydefa( ) 函数时，为第一个形参 x 传递实参 50，为第二个形参 y 传递实参 100（不使用默认值 200），第三个参数使用默认值 200。

注意：默认值参数必须出现在形参表的最右端。也就是说，第一个形参使用默认值参数后，它后面的所有形参必须使用默认值参数，否则会出错。

实现步骤

（1）打开"D：\mypython"文件夹作为项目目录，执行"文件/新建文件"命令，新建"pydata.py"文件，输入程序代码，实现功能——导入 Matplotlib 模块的 pyplot( ) 函数，命名别名为 plt，导入 Numpy，命名别名为 np，导入 Matplotlib 模块，如图 5-4-2 所示。

```
1  import matplotlib.pyplot as plt
2  import numpy as np
3  import matplotlib
```

图 5-4-2　输入程序代码 1

【代码解读】

NumPy（Numerical Python）是 Python 的一个扩展程序库，支持大量的维度数组与矩阵运算。NumPy 提供了强大且简单的数组处理功能。

import numpy as np

使用 Matplotlib 可视化数据时，在要用到中文时，可以使用 Matplotlib 设置兼容的字体，让字体正常显示在图表中，如果设置不当，会出现乱码。

import matplotlib

（2）在"pydata.py"文件中继续输入程序代码，实现功能——定义字体 font，并用 font 设置 Matplotlib 显示的字体，如图 5-4-3 所示。

```
4  #设置中文字体
5  font={'family':'MicroSoft YaHei',
6        'weight':'bold',
7        'size':'12'}
8  matplotlib.rc("font",**font)
```

图 5-4-3　输入程序代码 2

【代码解读】

```
#设置中文字体为雅黑,字体为粗体,字号为 12
font={'family':'MicroSoft YaHei',
    'weight':'bold',
    'size':'12'}
matplotlib.rc("font",**font)    #matplotlib 应用 font 定义的字体
```

（3）在"pydata.py"文件中继续输入程序代码，实现功能——依据 vscore 和 skills 变量的值使用 plt.bar()函数绘制柱状图，如图 5-4-4 所示。

```
10  #准备数据
11  vscore =[98,95,85,92,95]      #项目得分
12  skills = ['代码','函数','语法','功能','界面']  #技能项目
13  plt.bar(x = np.arange(5),              #x方向坐标5个元素
14          height = vscore,               #柱状图高度
15          width = 0.3,                   #柱状图宽度
16          label = '编程达人',              #图表标签
17          color = 'g',                   #柱状图颜色
18          tick_label = skills            #每个柱状图的坐标标签
19         )
20  plt.legend() #显示标签
21  plt.show()
```

图 5-4-4　输入程序代码 3

【代码解读】

```
#准备数据
vscore =[98,95,85,92,95]                    #项目得分记录在数组变量 vscore 中
skills = ['代码','函数','语法','功能','界面']    #技能项目
plt.bar(x = np.arange(5),                   #x 方向坐标 5 个元素,即绘制 5 个柱状图
    height =vscore,                         #柱状图高度
    width = 0.3,                            #柱状图宽度
    label = '编程达人',                      #图表标签
    color = 'g',                            #柱状图颜色为 g,表示绿色
    tick_label = skills
    #每个柱状图的坐标标签名称从 skills 数组依次获取
    )
plt.legend()                                #显示标签
plt.show()                                  #显示图形
```

任务五　用柱状图显示员工评分

任务要求

（1）现有一~六月评选优秀员工和及格员工的人数。

（2）用柱状图表示一~六月的评选情况，优秀员工和及格员工的人数并列，直观地显示对比情况，如图 5-5-1 所示。

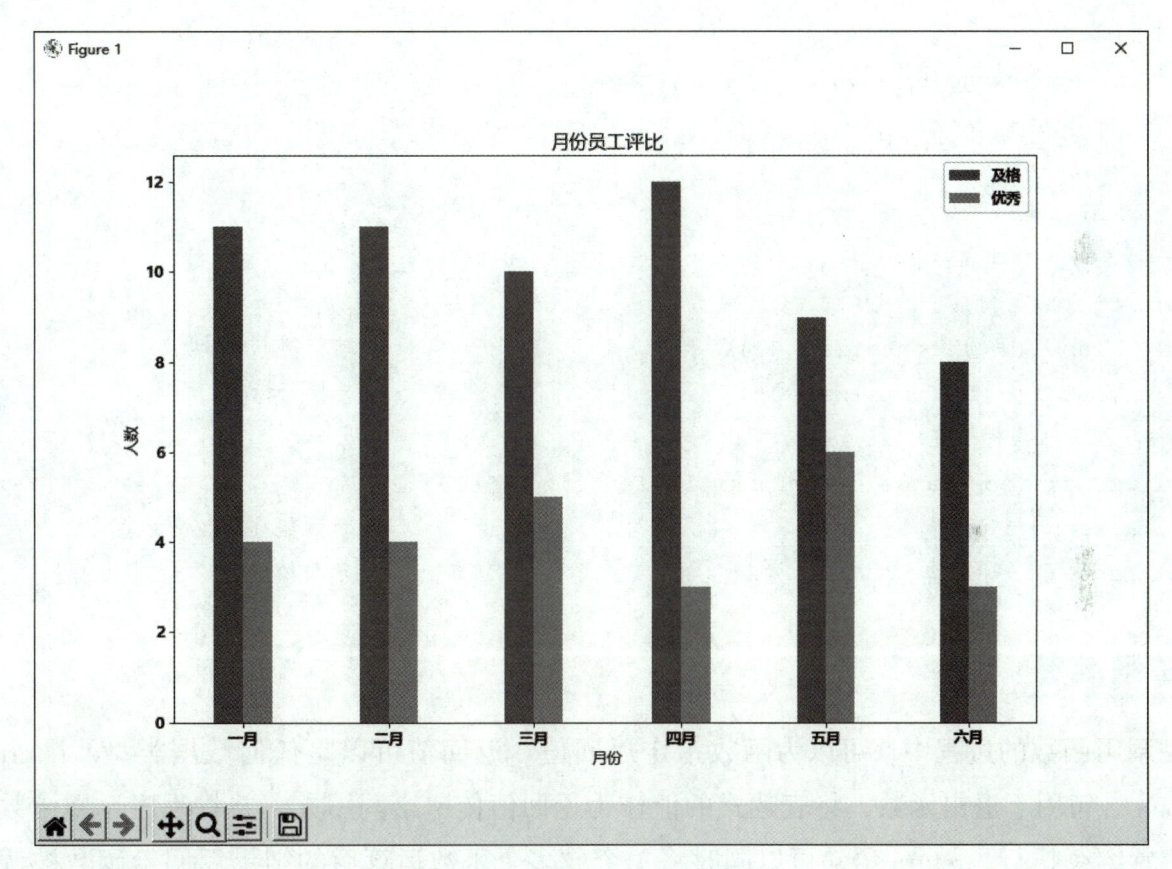

图 5-5-1　员工评比图

【参考代码】

```
import matplotlib.pyplot as plt
import numpy as np
import matplotlib
#设置中文字体
font={'family':'MicroSoft YaHei',
    'weight':'bold',
    'size':'12'}
matplotlib.rc("font",**font)
```

```python
#准备数据
vscore_b = [11,11,10,12,9,8]                              #及格
vscore_c = [4,4,5,3,6,3]                                  #优秀
skills = ['一月','二月','三月','四月','五月','六月']         #月份
#绘图
plt.figure(figsize = (12,8),dpi=80)
plt.bar(                                                  #显示 vscore_b 数据
    x =np.arange(6),
    height =vscore_b,
    width = 0.2,
    label = '及格')
plt.bar(                                                  #显示 vscore_c 数据
    x =np.arange(6)+0.2,
    height =vscore_c,
    width = 0.2,
    label = '优秀')
#设置显示的标题和标签
plt.title('月份员工评比')                                  #图的标题
plt.xlabel('月份',fontsize = 12)                          #x 轴标题标签
plt.ylabel('人数',fontsize = 12)                          #y 轴标题标签
#柱状图 x 轴坐标标签
plt.xticks(np.arange(6)+0.1,skills,fontsize = 12)
plt.legend()                                              #显示两组柱状图的标签
plt.show()                                                #显示图像
```

知识准备

在调用函数的过程中，可以为函数指定返回值。返回值可以是任何数据类型。return[expression]语句用于退出函数，将表达式的值作为返回值传递给调用方，并将程序返回函数被调用的位置继续执行。return 语句可以同时将 1 个或多个函数运算后的结果返回给函数被调用处的变量。

例如，指定 return 返回值函数应用示例如下。

```python
def showplus(x):
    print(x)
    return x + 1
num =showplus(6)
add = num + 2
print(add)
```

运行结果如下。

```
6
9
```

又如，隐含 return None 应用示例如下。

```
defshowplus(x):
    print(x)
num=showplus(6)
print(num)
print(type(num))
```

运行结果如下。

```
6
None
<class 'NoneType'>
```

函数体中没有 return 语句时，函数运行结束会隐含地返回一个 None 作为返回值，类型是 NoneType，与 return、return None 等效。Python 中函数使用 return 语句返回的值可以赋给其他变量作其他用处。所有函数都有返回值，如果没有 return 语句，会隐式地调用 return None 作为返回值。一个函数中可以存在多条 return 语句，但只有一条 return 语句可以被执行，如果没有一条 reutrn 语句被执行，同样会隐式地调用 return None 作为返回值。如果有必要，可以显式地调用 return None 返回一个 None（空值对象）作为返回值。

另外，无论定义返回的是什么数据类型，return 语句只能返回单值，但该值可以存在多个元素。

实现步骤

（1）打开"D：\mypython"文件夹作为项目目录，执行"文件/新建文件"命令，新建"pydata.py"文件，输入程序代码，实现功能——导入 Matplotlib 模块的 pyplot() 函数，命名别名为 plt，导入 Numpy，命名别名为 np，导入 Matplotlib 模块，用 font 变量设置字体，设置图表的中文字体，如图 5-5-2 所示。

```
1  import matplotlib.pyplot as plt
2  import numpy as np
3  import matplotlib
4  #设置中文字体
5  font={'family':'MicroSoft YaHei',
6        'weight':'bold',
7        'size':'12'}
8  matplotlib.rc("font",**font)
```

图 5-5-2　输入程序代码 1

（2）在"pydata.py"文件中继续输入程序代码，实现功能——用数组变量 vscore_b 记录各月份及格员工人数，用数组变量 vscore_c 记录各月份优秀员工人数，用数组变量 skills 记录月份，设置画布宽度为 12 英寸，高度为 8 英寸，如图 5-5-3 所示。

```
9
10  #准备数据
11  vscore_b =[11,11,10,12,9,8]    #及格
12  vscore_c =[4,4,5,3,6,3]        #优秀
13  skills = ['一月','二月','三月','四月','五月','六月'] #月份
14  #绘图
15  plt.figure(figsize = (12,8),dpi=80)
```

图 5-5-3　输入程序代码 2

（3）在"pydata.py"文件中继续输入程序代码，实现功能——用数组变量 vscore_b 绘制第一种柱形图，用数组变量 vscore_c 绘制第二种柱形图，如图 5-5-4 所示。

```
16  plt.bar(        #显示vscore_b数据
17      x = np.arange(6),
18      height = vscore_b,
19      width = 0.2,
20      label = '及格')
21  plt.bar(        #显示vscore_c数据
22      x = np.arange(6)+0.2,
23      height = vscore_c,
24      width = 0.2,
25      label = '优秀')
```

图 5-5-4　输入程序代码 3

【代码解读】

```
#准备数据
plt.bar(                         #显示 vscore_b 数据
    x =np.arange(6),             #柱状图的水平位置由 x 值确定
    height =vscore_b,            #柱状图的高度由 vscore_b 数组元素确定
    width = 0.2,                 #柱状图的宽度为 0.2
    label ='及格')                #图例名称为"及格"
plt.bar(                         #显示 vscore_c 数据
x =np.arange(6)+0.2,
#柱状图的水平位置向右增加 0.2，实现两柱状图相邻并列的效果
    height =vscore_c,            #柱状图的高度由 vscore_c 数组元素确定
    width = 0.2,                 #柱状图的宽度为 0.2
    label ='优秀')                #图例名称为"优秀"
```

（4）在"pydata.py"文件中继续输入程序代码，实现功能——设置图的标题，设置 x 轴和 y 轴的标题，显示 x 轴的刻度，如图 5-5-5 所示。

```
26
27  #设置显示的标题和标签
28  plt.title('月份员工评比')  #图的标题
29  plt.xlabel('月份',fontsize = 12)    #x轴标题标签
30  plt.ylabel('人数',fontsize = 12)    #y轴标题标签
31  #柱状图x轴坐标标签
32  plt.xticks(np.arange(6)+0.1,skills,fontsize = 12)
33  plt.legend()    #显示两组柱状图的标签
34  plt.show()      #显示图像
```

图 5-5-5　输入程序代码 4

任务六　用柱状图显示累积得分

任务要求

（1）现在有一项比赛，两局累积的得分高者获胜。

（2）用柱状图表示各队累积的得分，以方便直观观察，如图 5-6-1 所示。

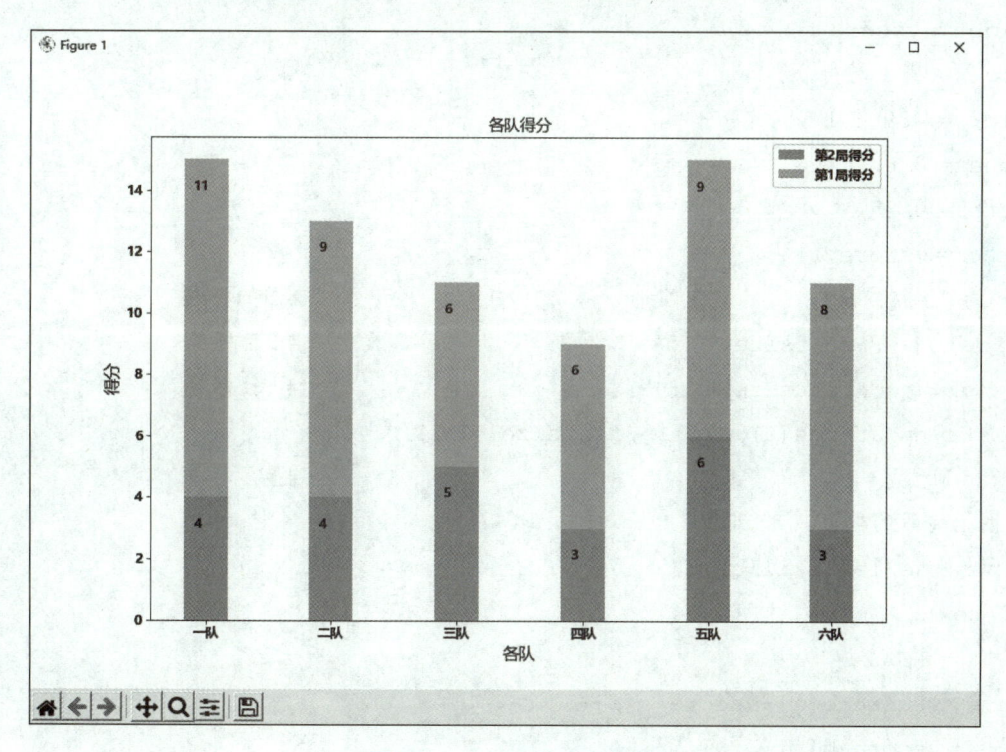

图 5-6-1　累积得分图

【参考代码】

```
import matplotlib.pyplot as plt
import numpy as np
import matplotlib
#设置中文字体
```

```python
font={'family':'MicroSoft YaHei',
    'weight':'bold',
    'size':'12'}
matplotlib.rc("font",**font)
#记录得分
vscore_b =[11,9,6,6,9,8]                                    #各队第1局得分
vscore_c =[4,4,5,3,6,3]                                     #各队第2局得分
skills = ['一队','二队','三队','四队','五队','六队']           #月份
#设置画布大小
plt.figure(figsize = (12,8),dpi=80)
#绘柱状图
plt.bar(x = skills,
    height =vscore_c,
    label = '第2局得分',
    color = '#1a86d9',
    alpha = 0.6,
    width = 0.35)
plt.bar(x = skills,
    height =vscore_b,
    label = '第1局得分',
    color = '#39c67b',
    alpha = 0.6,
    width = 0.35,
    bottom=vscore_c)
plt.title('各队得分')                                         #图的标题
plt.xlabel('各队',fontsize = 15)                              #x轴标签
plt.ylabel('得分',fontsize = 15)                              #y轴标签
plt.xticks(np.arange(6),skills,fontsize = 12)
plt.legend()                                                 #显示标签
#在柱状图上显示的数值
for i in range(len(skills)):
    plt.text(
        x = i-0.1,
        y =vscore_b[i]+vscore_c[i]-1,
        s =vscore_b[i])
for i in range(len(skills)):
    plt.text(
        x = i-0.1,
        y =vscore_c[i]-1,
        s =vscore_c[i])
plt.show()
```

知识准备

一、局部变量

在一个函数体或语句块内定义的变量称为局部变量。局部变量只在定义它的函数体或语句块内有效，即只能在定义它的函数体或语句块内部使用，而在定义它的函数体或语句块之外不能使用。局部变量使用示例如下。

源程序如下。

```
def func1(x,y):
    x1=x
    y1=y
    z=100
print("in func1(),x1=",x1)
print("in func1(),y1=",y1)
print("in func1(),z=",z)
    func2()
    return
def func2():
    x1=10
    y1=20
    z=0
    print("in func2(),x1=",x1)
    print("in func2(),y1=",y1)
    print("in func2(),z=",z)
func1('a','b')
```

运行结果如下。

```
in func1(),x1= a
in func1(),y1= b
in func1(),z= 100
in func2(),x1= 10
in func2(),y1= 20
in func2(),z= 0
```

说明：在上述程序段中，定义了两个函数func1()和func2()。两个函数都分别定义了变量x1、y1、z，这些变量都是局部变量，仅在各自的函数中起作用。从程序中可以看出，函数func1()调用了函数func2()，这并不影响变量之间的关系。

二、全局变量

局部变量只能在定义它的函数内部使用，而全局变量可以在整个程序范围内使用。全局变量是定义在函数外的变量，它拥有全局作用域。全局变量可作用于程序中的多个函数，但在通常意义上，其在各函数内部只是可访问的，是只读的，其使用受限。

1. 在函数中读取全局变量

在函数内读取在函数外定义的全局变量的示例如下。

源程序如下。

```
bas=100
def func1(x,y):
    sum=bas+x+y
    return sum
def func2(x,y):
    avg=(bas+x* 0.9+y* 0.8)/3
    return avg
score1=func1(75,62)
score2=func2(75,62)
print("score1=",score1,"score2={:6.2f}".format(score2))
print(bas)
```

运行结果如下。

```
score1= 237 score2= 72.37
100
```

2. 在函数中定义与全局变量同名的变量

函数中如果定义了与全局变量同名的变量，则函数内引用的变量是局部变量。示例如下。

源程序如下。

```
bas=100
def func1(x,y):
    bas=90
    sum=bas+x+y
    return sum
score1=func1(75,62)
print("score1=",score1)
print("bas=",bas)
```

运行结果如下。

```
score1= 227
bas= 100
```

说明：在上例中，"sum=bas+x+y"中引用的 bas 变量的值是 90，是局部变量的值。

3. 不允许在函数中先使用与全局变量同名的变量

在函数中使用全局变量将导致程序异常。示例如下。

源程序如下。

```
bas=100
def func1(x,y):
    print(bas)
    bas=90
    sum=bas+x+y
    return sum
score1=func1(75,62)
print("score1=",score1)
print("bas=",bas)
```

运行结果如下。

```
Traceback (most recent call last):
    File "C:/Users/Administrator/Desktop/Python 书/k5.py", line 7, in <module>
        score1=func1(75,62)
    File "C:/Users/Administrator/Desktop/Python 书/k5.py", line 3, in func1
        print(bas)
UnboundLocalError: local variable 'bas' referenced before assignment
```

说明：在 func1( ) 函数中，语句"print(bas)"报告异常，原因是函数中的 bas 变量是局部变量，在赋值前被直接使用了。

实现步骤

（1）打开"D:\mypython"文件夹作为项目目录，执行"文件/新建文件"命令，新建"pydata.py"文件，输入程序代码，实现功能——导入 Matplotlib 模块的 pyplot( )函数命名别名为 plt，导入 Numpy，命名别名为 np，导入 Matplotlib 模块，用 font 变量设置字体，用 matplotlib.rc( )函数设置图表的中文字体，如图 5-6-2 所示。

```
1  import matplotlib.pyplot as plt
2  import numpy as np
3  import matplotlib
4  #设置中文字体
5  font={'family':'MicroSoft YaHei',
6        'weight':'bold',
7        'size':'12'}
8  matplotlib.rc("font",**font)
```

图 5-6-2　输入程序代码 1

（2）在"pydata.py"文件中继续输入程序代码，实现功能——用数组变量 vscore_b 记录各队第 1 局得分，用数组变量 vscore_c 记录各队第 2 局得分，用数组变量 skills 记录各队名称，设置画布宽度为 12 英寸，高度为 8 英寸，分辨率为 80 像素/英寸，如图 5-6-3 所示。

```
9
10  #记录得分
11  vscore_b =[11,9,6,6,9,8]      #各队第1局得分
12  vscore_c =[4,4,5,3,6,3]        #各队第2局得分
13  skills = ['一队','二队','三队','四队','五队','六队'] #月份
14  #设置画布大小
15  plt.figure(figsize = (12,8),dpi=80)
```

图 5-6-3　输入程序代码 2

(3)在 pydata.py 文件中继续输入程序代码，实现功能——用数组变量 vscore_b 记录各队第 1 局得分，用数组变量 vscore_c 记录各队第 2 局得分，用数组变量 skills 记录各队名称，设置画布宽度为 12 英寸，高度为 8 英寸，分辨率为 80 像素每英寸，如图 5-6-4 所示。

```
16  #绘柱形图
17  plt.bar(x = skills,
18          height = vscore_c,
19          label = '第2局得分',
20          color = '#1a86d9',
21          alpha = 0.6,
22          width = 0.35)
23  plt.bar(x = skills,
24          height = vscore_b,
25          label = '第1局得分',
26          color = '#39c67b',
27          alpha = 0.6,
28          width = 0.35,
29          bottom=vscore_c)
```

图 5-6-4　输入程序代码 3

【代码解读】

plt.bar(x = skills,	#水平坐标(x 轴方向)从 skills 数组获取
height =vscore_c,	#按 vscore_c 数组的元素值绘制柱状图的高度
label = '第 2 局得分',	#图例文字为"第 2 局得分"，将显示在图表上方
color = '#1a86d9',	#柱状图的颜色为"#1a86d9"
alpha = 0.6,	#柱状图的颜色的透明度，1 时为不透明，0 时为全透明
width = 0.35)	#柱状图的宽度为 0.35 英寸
plt.bar(x = skills,	
height =vscore_b,	#按 vscore_b 数组的元素值绘制柱形图的高度
label = '第 1 局得分',	#图例文字为"第 1 局得分"，将显示在图表上方
color = '#39c67b',	#柱状图的颜色为"#39c67b"
alpha = 0.6,	#柱状图的颜色的透明度为 0.6
width = 0.35,	#柱状图的宽度为 0.35 英寸
bottom=vscore_c)	#柱状图底部长度从 vscore_c 数组获取

(4)在"pydata.py"文件中继续输入程序代码，实现功能——设置图表的标题，设置图表 x 轴的标签，设置图表 y 轴的标签，设置 x 轴刻度标签，如图 5-6-5 所示。

项目五　Matplotlib 数据分析应用

```
31  plt.title('各队得分')       #图的标题
32  plt.xlabel('各队',fontsize = 15)      #x轴标签
33  plt.ylabel('得分',fontsize = 15)      #y轴标签
34  plt.xticks(np.arange(6),skills,fontsize = 12)
35  plt.legend()               #显示标签
```

图 5-6-5　输入程序代码 4

【代码解读】

```
plt.title('各队得分')                      #设置图的标题
plt.xlabel('各队',fontsize = 15)          #设置 x 轴标签
plt.ylabel('得分',fontsize = 15)          #设置 y 轴标签
plt.xticks(np.arange(6),skills,fontsize = 12)
#设置 x 轴的刻度标签
plt.legend()                              #显示标签
```

（5）在"pydata.py"文件中继续输入程序代码，实现功能——设置图表的标题，设置图表 x 轴的标签，设置图表 y 轴的标签，设置 x 轴刻度标签，如图 5-6-6 所示。

```
36
37  #在柱状图上显示的数值
38  for i in range(len(skills)):
39      plt.text(
40          x = i-0.1,
41          y = vscore_b[i]+vscore_c[i]-1,
42          s = vscore_b[i])
43  for i in range(len(skills)):
44      plt.text(
45          x = i-0.1,
46          y = vscore_c[i]-1,
47          s = vscore_c[i])
48  plt.show()
```

图 5-6-6　输入程序代码 5

【代码解读】

```
plt.title('各队得分')                      #设置图的标题
```

任务七　用水平方向柱状图显示累积得分

任务要求

（1）现在有一项比赛，两局累积的得分高者获胜。

（2）用水平方向的柱状图显示各队累积的得分，以方便直观观察，如图 5-7-1 所示。

137

大数据采集与处理技术应用

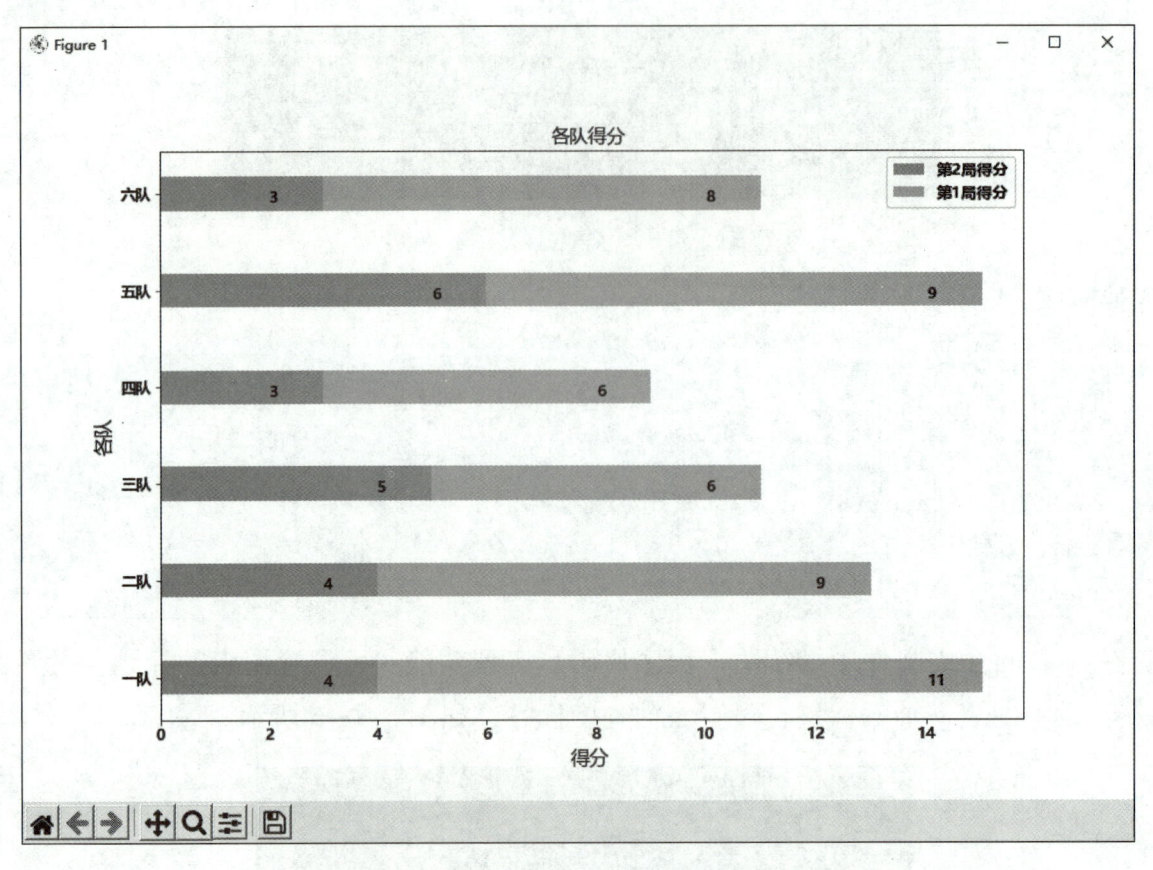

图 5-7-1 水平方向柱状图

【参考代码】

```
import matplotlib.pyplot as plt
import numpy as np
import matplotlib
#设置中文字体
font={'family':'MicroSoft YaHei',
    'weight':'bold',
    'size':'12'}
matplotlib.rc("font",* * font)

#记录得分
vscore_b =[11,9,6,6,9,8]                    #各队第 1 局得分
vscore_c =[4,4,5,3,6,3]                     #各队第 2 局得分
skills = ['一队','二队','三队','四队','五队','六队']   #月份
#设置画布大小
plt.figure(figsize = (12,8),dpi=80)
#绘制水平方向柱状图
plt.barh(
    y = skills,
    width =vscore_c,
    height = 0.35,
```

138

```
        label = '第2局得分',
        color = '#1a86d9',
        alpha = 0.6,
        )
plt.barh(y = skills,
        width =vscore_b,
        height = 0.35,
        label = '第1局得分',
        color = '#39c67b',
        alpha = 0.6,
        left=vscore_c)
plt.title('各队得分')                                    #图的标题
plt.ylabel('各队',fontsize = 15)                         #y轴标签
plt.xlabel('得分',fontsize = 15)                         #x轴标签
plt.yticks(np.arange(6),skills,fontsize = 12)
plt.legend()                                            #显示标签
#在柱状图上显示的数值
for i in range(len(skills)):
    plt.text(
        y = i-0.1,
        x =vscore_b[i]+vscore_c[i]-1,
        s =vscore_b[i])
    for i in range(len(skills)):
    plt.text(
        y = i-0.1,
        x =vscore_c[i]-1,
        s =vscore_c[i])
plt.show()
```

实现步骤

（1）打开"D:\mypython"文件夹作为项目目录，执行"文件/新建文件"命令，新建"pydata.py"文件，输入程序代码，实现功能——导入Matplotlib模块的pyplot()函数，命名别名为plt，导入Numpy，命名别名np，导入Matplotlib模块，用font变量设置字体，字体名称为"MicroSoft YaHei"，字体设置为bold以实现粗体字效果，字号设置为12，用matplotlib.rc()函数把所设置的字体应用到图表中，如图5-7-2所示。

（2）在"pydata.py"文件中继续输入程序代码，实现功能——用数组变量vscore_b记录各队第1局得分，用数组变量vscore_c记录各队第2局得分，用数组变量skills记录各队名称，设置画布宽度为12英寸，高度为8英寸，分辨率为80像素/英寸，如图5-7-3所示。

```
1  import matplotlib.pyplot as plt
2  import numpy as np
3  import matplotlib
4  #设置中文字体
5  font={'family':'MicroSoft YaHei',
6        'weight':'bold',
7        'size':'12'}
8  matplotlib.rc("font",**font)
```

图 5-7-2　输入程序代码 1

```
9
10  #记录得分
11  vscore_b =[11,9,6,6,9,8]       #各队第1局得分
12  vscore_c =[4,4,5,3,6,3]        #各队第2局得分
13  skills = ['一队','二队','三队','四队','五队','六队'] #月份
14  #设置画布大小
15  plt.figure(figsize = (12,8),dpi=80)
```

图 5-7-3　输入程序代码 2

（3）在"pydata.py"文件中继续输入程序代码，实现功能——用数组变量 vscore_c 记录各队第 2 局得分，用数组变量 vscore_b 记录各队第 1 局得分，用数组变量 skills 记录各队名称，设置 y 轴各行的标注，如图 5-7-4 所示。

```
16  #绘制水平柱状图
17  plt.barh(
18      y = skills,
19      width = vscore_c,
20      height = 0.35,
21      label = '第2局得分',
22      color = '#1a86d9',
23      alpha = 0.6,
24      )
25  plt.barh(y = skills,
26      width =vscore_b,
27      height =  0.35,
28      label = '第1局得分',
29      color = '#39c67b',
30      alpha = 0.6,
31      left=vscore_c)
```

图 5-7-4　输入程序代码 3

【代码解读】

```
plt.barh(
    y = skills,                #y轴（纵向）方向的坐标标签
    width =vscore_c,           #x轴（水平）方向的柱状图的长度（宽度）
    height = 0.35,             #柱状图的高度（厚度）
    label = '第2局得分',
    color = '#1a86d9',
    alpha = 0.6,
    )
```

(4)在"pydata.py"文件中继续输入程序代码，实现功能——设置图的标题为"各队得分"，y 轴标签为"各队"，x 轴标签为"得分"，字号为 12，并显示标签，如图 5-7-5 所示。

```
32
33  plt.title('各队得分')              #图的标题
34  plt.ylabel('各队',fontsize = 15)   #y轴标签
35  plt.xlabel('得分',fontsize = 15)   #x轴标签
36  plt.yticks(np.arange(6),skills,fontsize = 12)
37  plt.legend()                       #显示标签
```

图 5-7-5　输入程序代码 4

(5)在"pydata.py"文件中继续输入程序代码，实现功能——在柱状图上显示数值，如图 5-7-6 所示。

```
38
39  #在柱状图上显示的数值
40  for i in range(len(skills)):
41      plt.text(
42          y = i-0.1,
43          x = vscore_b[i]+vscore_c[i]-1,
44          s = vscore_b[i])
45  for i in range(len(skills)):
46      plt.text(
47          y = i-0.1,
48          x = vscore_c[i]-1,
49          s = vscore_c[i])
50  plt.show()
```

图 5-7-6　输入程序代码 5

【代码解读】

```
#在柱状图上显示的数值
for i in range(len(skills)):
    plt.text(
        y = i-0.1,                              #设置数值显示在 y 轴(纵向)方向的位置
        x =vscore_b[i]+vscore_c[i]-1,
        #设置数值显示在 x 轴(水平)方向的位置
        s =vscore_b[i])                         #显示第 1 局得分的数值
for i in range(len(skills)):
    plt.text(
        y = i-0.1,                              #设置数值显示在 y 轴(纵向)方向的位置
        x =vscore_c[i]-1,                       #设置数值显示在 x 轴(水平)方向的位置
        s =vscore_c[i])                         #显示第 2 局得分的数值
plt.show()                                       #显示图表
```

任务八 控制柱状图的颜色

任务要求

（1）用不同颜色的柱状图显示四组的得分。

（2）自行定义各组柱状图的颜色，如图 5-8-1 所示。

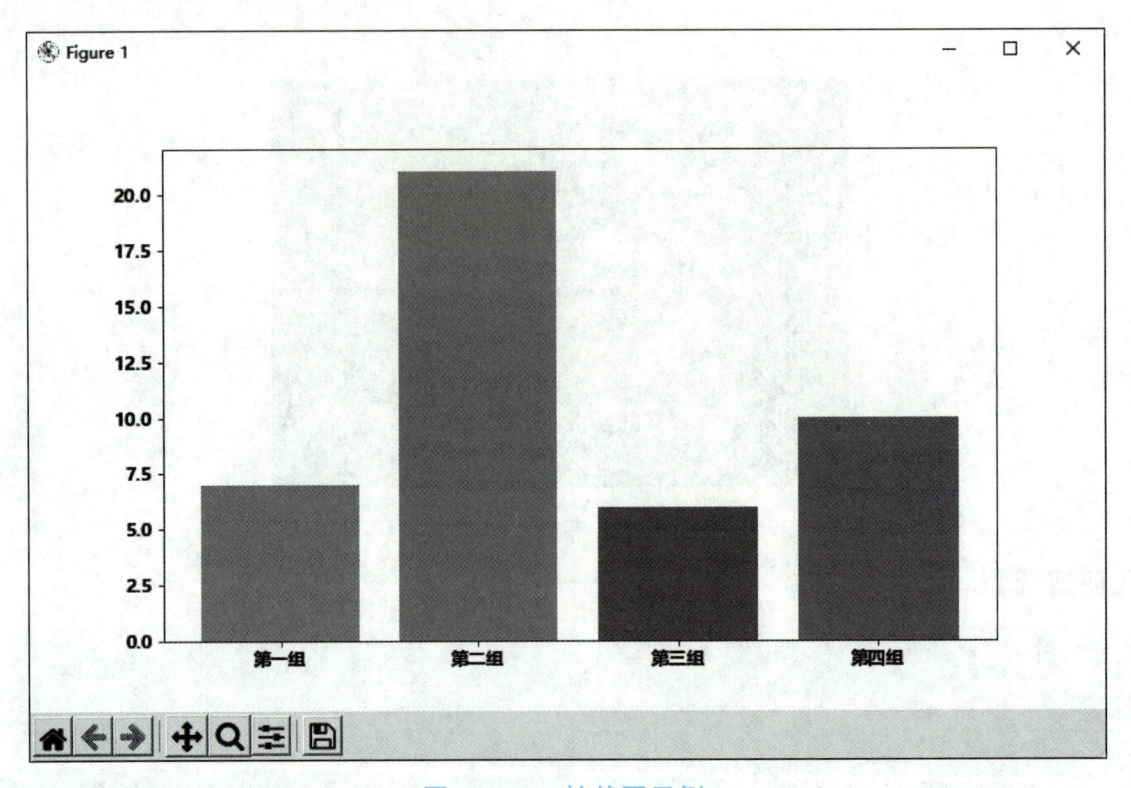

图 5-8-1 柱状图示例

【参考代码】

```
import matplotlib.pyplot as plt
import numpy as np
import matplotlib
#设置中文字体
font={'family':'MicroSoft YaHei',
    'weight':'bold',
    'size':'12'}
matplotlib.rc("font",**font)
x =np.array(["第一组","第二组","第三组","第四组"])
y =np.array([7, 21, 6, 10])
#设置画布大小
```

```
plt.figure(figsize = (10,6),dpi=80)
plt.bar(x, y,color = ["#CCAF50","#FC8F50","#028F5D","#D28050"])
plt.show()
```

实现步骤

(1) 打开"D：\mypython"文件夹作为项目目录,执行"文件/新建文件"命令,新建"pydata.py"文件,输入程序代码,实现功能——导入 Matplotlib 模块的 pyplot( ) 函数,命名别名为 plt,导入 Numpy,命名别名为 np,导入 Matplotlib 模块,用 font 变量设置字体,字体名称为"MicroSoft YaHei",字体设置为 bold 以实现粗体字效果,字号设置为12,用 matplotlib.rc( )函数把所设置的字体应用到图表中,如图 5-8-2 所示。

```
1  import matplotlib.pyplot as plt
2  import numpy as np
3  import matplotlib
4  #设置中文字体
5  font={'family':'MicroSoft YaHei',
6        'weight':'bold',
7        'size':'12'}
8  matplotlib.rc("font",**font)
```

图 5-8-2　输入程序代码 1

(2) 在"pydata.py"文件中继续输入程序代码,实现功能——x 数组变量存储组名称,y 数组变量存储各组得分,设置画布宽度为10磅,高度为8磅,用 x 数组变量和 y 数组变量的值绘柱形图,柱形图的颜色由 color 数组变量存储,如图 5-8-3 所示。

```
9  x = np.array(["第一组", "第二组", "第三组", "第四组"])
10 y = np.array([7, 21, 6, 10])
11
12 #设置画布大小
13 plt.figure(figsize = (10,6),dpi=80)
14 plt.bar(x, y,  color = ["#CCAF50","#FC8F50","#028F5D","#D28050"])
15 plt.show()
```

图 5-8-3　输入程序代码 2

任务九　用网格折线图记录每月最高温度

任务要求

(1) 现有 12 个月中各月最高温度的数值。
(2) 用网格折线图记录每月最高温度。

（3）只绘制纵向网格，如图5-9-1所示。

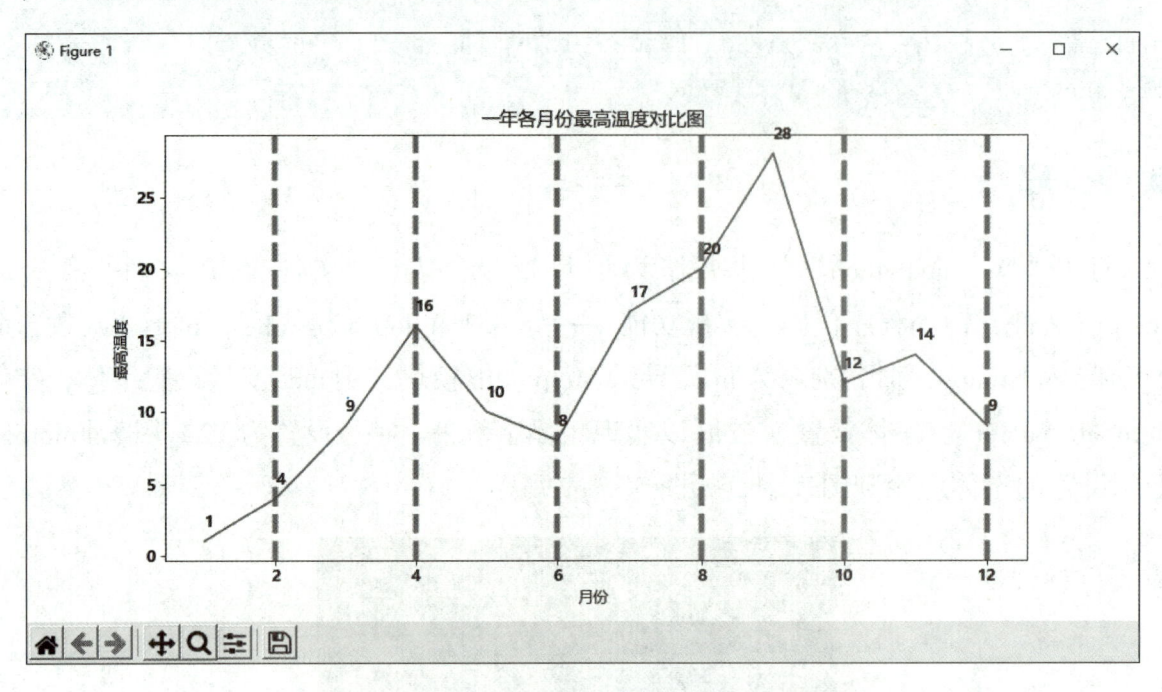

图 5-9-1　折线图示例

【参考代码】

```
import matplotlib.pyplot as plt
import numpy as np
import matplotlib
#设置中文字体
font={'family':'MicroSoft YaHei',
    'weight':'bold',
    'size':'12'}
matplotlib.rc("font",**font)
plt.figure(figsize = (12,6),dpi=80)
x =np.array([1, 2, 3, 4,5,6,7,8,9,10,11,12])
y =np.array([1, 4, 9, 16,10,8,17,20,28,12,14,9])
plt.title("一年各月份最高温度对比图")
plt.xlabel("月份")
plt.ylabel("最高温度")
plt.plot(x, y)
#绘制纵向网格
plt.grid(axis='x', color = 'r', linestyle = '--',
    linewidth = 4)
#显示数据
for i in range(len(x)):
    plt.text(
        x = i+1,
```

```
          y = y[i]+1,
          s = y[i])
plt.show()
```

实现步骤

（1）打开"D:\mypython"文件夹作为项目目录，执行"文件/新建文件"命令，新建"pydata.py"文件，输入程序代码，实现功能——导入 Matplotlib 模块，导入 Numpy，命名别名为 np，用 font 变量设置字体，字体名称为"MicroSoft YaHei"，字体设置为 bold 以实现粗体字效果，字号设置为 12，用 matplotlib.rc( ) 函数把所设置的字体应用到图表中，设置画布宽度为 12 磅，高度为 6 磅，如图 5-9-2 所示。

```
1  import matplotlib.pyplot as plt
2  import numpy as np
3  import matplotlib
4  #设置中文字体
5  font={'family':'MicroSoft YaHei',
6        'weight':'bold',
7        'size':'12'}
8  matplotlib.rc("font",**font)
9  plt.figure(figsize = (12,6),dpi=80)
```

图 5-9-2　输入程序代码 1

（2）在"pydata.py"文件中继续输入程序代码，实现功能——x 数组变量表示 1~12 月，y 数组变量表示相应月份的最高温度，图表标题为"一年各月份最高温度对比图"，x 轴标题为"月份"，y 轴标题为"最高温度"，如图 5-9-3 所示。

```
10  x = np.array([1, 2, 3, 4,5,6,7,8,9,10,11,12])
11  y = np.array([1, 4, 9, 16,10,8,17,20,28,12,14,9])
12  plt.title("一年各月份最高温度对比图")
13  plt.xlabel("月份")
14  plt.ylabel("最高温度")
15  plt.plot(x, y)
```

图 5-9-3　输入程序代码 2

（3）在"pydata.py"文件中继续输入程序代码，实现功能——用 plt.grid( ) 函数绘制网格并显示数据，如图 5-9-4 所示。

```
16  #绘制纵向网格
17  plt.grid(axis='x', color = 'r', linestyle = '--', linewidth = 4)
18  #显示数据
19  for i in range(len(x)):
20      plt.text(
21          x = i+1,
22          y = y[i]+1,
23          s = y[i])
24  plt.show()
```

图 5-9-4　输入程序代码 3

任务十　数据分布图示

任务要求

(1) 用散点图显示数据。

(2) 数据随机产生。

【参考代码】

```python
import matplotlib.pyplot as plt
import numpy as np
import matplotlib
#设置中文字体
font={'family':'MicroSoft YaHei',
    'weight':'bold',
    'size':'12'}
matplotlib.rc("font",**font)
plt.figure(figsize=(12,6),dpi=80)
N = 23
x=np.random.randint(low=1,high=30,size=N)
print(x)
y=np.random.randint(low=1,high=12,size=N)
plt.scatter(x, y, color = 'hotpink')
plt.title("数据分布图示")
plt.xlabel("数字分布范围")
plt.show()
```

实现步骤

(1) 打开"D:\mypython"文件夹作为项目目录，执行"文件/新建文件"命令，新建"pydata.py"文件，输入程序代码，实现功能——导入 Numpy，命名别名为 np，导入 Matplotlib 模块，用 font 变量设置字体，字体名称为"MicroSoft YaHei"，字体设置为 bold 以实现粗体字效果，字号设置为 12，用 matplotlib.rc( ) 函数把所设置的字体应用到图表中，设置画布宽度为 12 磅，高度为 6 磅，如图 5-10-1 所示。

(2) 在"pydata.py"文件中继续输入程序代码，实现功能——随机产生 23 个 x 轴坐标值、23 个 y 轴坐标值，用 23 对 x 值和 y 值绘制 23 个点，如图 5-10-2 所示。

```
1  import matplotlib.pyplot as plt
2  import numpy as np
3  import matplotlib
4  #设置中文字体
5  font={'family':'MicroSoft YaHei',
6        'weight':'bold',
7        'size':'12'}
8  matplotlib.rc("font",**font)
9  plt.figure(figsize = (12,6),dpi=80)
```

图 5-10-1　输入程序代码 1

```
10  N = 23
11  x=np.random.randint(low=1,high=30,size=N)
12  print(x)
13  y=np.random.randint(low=1,high=12,size=N)
14  plt.scatter(x, y, color = 'hotpink')
15  plt.title("数据分布图示")
16  plt.xlabel("数字分布范围")
17  plt.show()
```

图 5-10-2　输入程序代码 2

【代码解读】

#产生 N 个 1~30 范围内的整数,将结果存储于 x 数组中
x=np.random.randint(low=1,high=30,size=N)
#产生 N 个 1~30 范围内的整数,将结果存储于 y 数组中
y=np.random.randint(low=1,high=12,size=N)
#plt.scatter()函数用于生成一个 scatter 散点图。数组变量 x 和 y 的元素值确定点的坐标
plt.scatter(x, y, color = 'hotpink')

(3)运行程序，从图中 x 轴方向有时会比较直观地观察到数据在 1~30 范围内的分布情况，如图 5-10-3 所示。

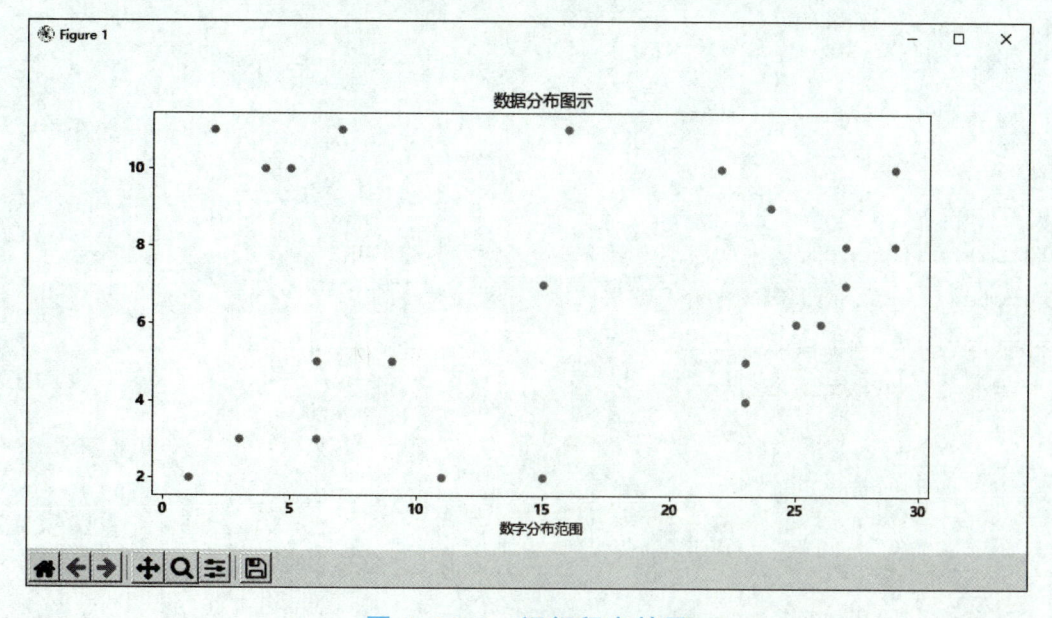

图 5-10-3　运行程序效果

任务十一 用饼形图显示数据百分比

任务要求

（1）现有 15、20、10、27、25、3 等数表示百分比。

（2）用饼形图表示各百分比，最小数偏离中心显示，如图 5-11-1 所示。

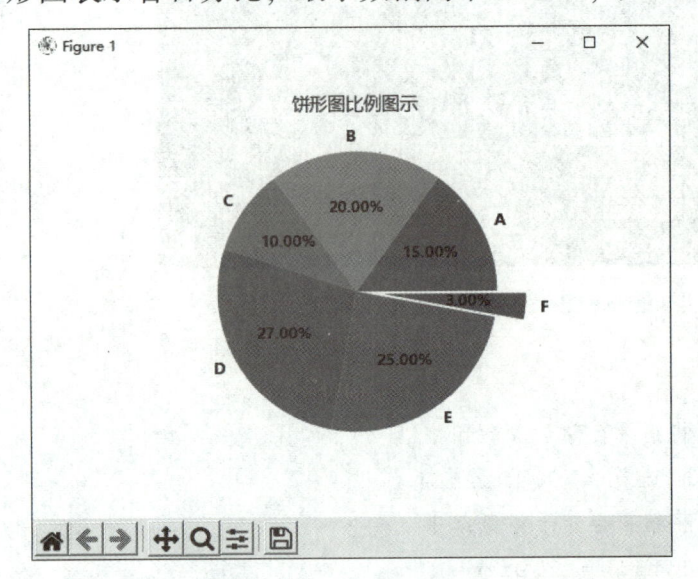

图 5-11-1 饼形图示例

用饼形图显示
数据百分比

【参考代码】

```
import matplotlib.pyplot as plt
import numpy as np
import matplotlib
#设置中文字体
font={'family':'MicroSoft YaHei',
    'weight':'bold',
    'size':'12'}
matplotlib.rc("font",**font)
plt.figure(figsize = (7,5),dpi=80)
y =np.array([15,20,10,27,25,3])
vmin=min(y)    #获取最小值
tup0 = []
for v in y:
    print(v)
    if v==vmin:
        tup0.append(0.2)
```

```
        else:
            tup0.append(0)
tup0=tuple(tup0)
plt.pie(y,
        labels=['A','B','C','D','E','F'], #设置饼形图标签
        #tup0 是数组变量,元素不是 0 时,突出显示,值越大,偏离中心越远
        explode=tup0,
        autopct='%.2f%%', #格式化输出百分比
        )
plt.title("饼形图比例图示")
plt.show()
```

实现步骤

（1）打开"D:\mypython"文件夹作为项目目录，执行"文件/新建文件"命令，新建"pydata.py"文件，输入程序代码，实现功能——导入 Numpy，命名别名为 np，导入 Matplotlib 模块，用 font 变量设置字体，字体名称为"MicroSoft YaHei"，字体设置为 bold 以实现粗体字效果，字号设置为 12，用 matplotlib.rc()函数把所设置的字体应用到图表中，设置画布宽度为 7 磅，高度为 5 磅，如图 5-11-2 所示。

```
1  import matplotlib.pyplot as plt
2  import numpy as np
3  import matplotlib
4  #设置中文字体
5  font={'family':'MicroSoft YaHei',
6        'weight':'bold',
7        'size':'12'}
8  matplotlib.rc("font",**font)
9  plt.figure(figsize = (7,5),dpi=80)
```

图 5-11-2　输入程序代码 1

（2）在"pydata.py"文件中继续输入程序代码，实现功能——从各元素中找出最小值，非最小值设置偏离中心值为 0，最小值设置偏离中心值为 0.2，如图 5-11-3 所示。

```
10  y = np.array([15, 20, 10, 27,25,3])
11  vmin=min(y)#获取最小值
12  tup0 = []
13  for v in y:
14      print(v)
15      if v==vmin:
16          tup0.append(0.2)
17      else:
18          tup0.append(0)
19  tup0=tuple(tup0)
```

图 5-11-3　输入程序代码 2

大数据采集与处理技术应用

【代码解读】

```
y =np.array([15, 20, 10, 27,25,3])          #数组存储于变量 y 中
vmin=min(y)                                  #获取最小值
tup0 = []                                    #定义数组变量 tup0
for v in y:                                  #遍历数据
    if v==vmin:                              #判断数据是否等于最小值
        tup0.append(0.2)
        #向数组变量 tup0 追加一个 0.2 元素,作用是图形偏离中心
    else:
        tup0.append(0)
        #向数组变量 tup0 追加一个 0 元素,作用是图形不偏离中心
tup0=tuple(tup0)                             #数组变量 tup0 转变为有序的列表
```

(3)在"pydata.py"文件中继续输入程序代码,实现功能——根据变量 y 的值绘制饼形图,偏离中心值由数组变量 tup0 设置,显示数据时设置百分比格式显示,如图 5-11-4 所示。

```
20  plt.pie(y,
21          labels=['A','B','C','D','E','F'], #设置饼图标签
22          #tup0是数组变量,元素不是0时,突出显示,值越大,偏离中心越远
23          explode=tup0,
24          autopct='%.2f%%', # 格式化输出百分比
25          )
26  plt.title("饼形图比例图示")
27  plt.show()
```

图 5-11-4 输入程序代码 3

【代码解读】

```
explode=tup0          #用数组变量 tup0 的元素值设置图形偏离中心的值
```

项目小结

本项目学习了 Python 的 Matplotlib 模块。并通过折线图、柱状图、散点图、饼形图等一系列案例,讲解了图表的尺寸大小的定义、显示中文的设置、折线图的线型和颜色、柱状图的大小与颜色以及图表标题、数标标签等技能知识。

项目评价

班级		项目名称	
姓名		教师	
学期		评分日期	

续表

评分内容(满分 100 分)		学生自评	学生互评	教师评价
专业技能（60 分）	任务完成进度(10 分)			
	对理论知识的掌握程度(20 分)			
	理论知识的应用能力(20 分)			
	改进能力(10)			
综合素养（40 分）	按时打卡(10 分)			
	信息获取的途径(10 分)			
	按时完成学习及任务(10 分)			
	团队合作精神(10 分)			
总分				
综合得分（学生自评 10%，同学互评 10%，教师评价 80%）				
学生签名：		教师签名：		

思考与练习

1. 请学生搜集实训过程中的成绩，并根据所学知识以柱状图的形式显示。

2. 现有对"编程达人"在"代码""函数""语法""功能""界面"等方面的评分，请用柱状图表示得分情况，效果如图 5-12-1 所示。

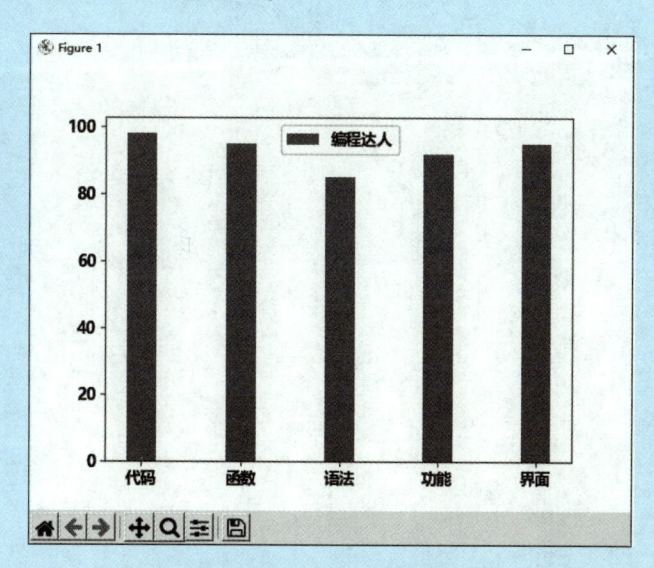

图 5-12-1　柱状图效果

3. 请学生收集 2021 年 12 个月中各月最高温度的数值，用网格折线图记录每月最高温度，只绘制纵向网格。

参考文献

[1] 张雪萍. 大数据采集与处理[M]. 北京：电子工业出版社，2021.

[2] 唐世伟，田枫，盖璇，等. 大数据采集与预处理技术[M]. 北京：清华大学出版社，2022.

[3] 江南，杨辉军，曾文权. 数据采集与预处理[M]. 北京：高等教育出版社，2022.

[4] 明日科技，高春艳，刘志铭. Python数据分析从入门到实践[M]. 长春：吉林大学出版社，2022.

[5] 嵩天，礼欣，黄天羽. Python语言程序设计基础[M]. 2版. 北京：高等教育出版社，2017.

[6] 龙豪杰. Python自动化办公从入门到精通[M]. 北京：中国水利水电出版社，2021.